BIBLIOTHÈQUE DE "CULTURES FRUITIÈRES"

LE NOYER

sa culture

La Noix de Grenoble et son commerce
Préparation et Séchage mécanique des Noix

Par C. DURIEZ, L. RIGOTARD et H. PARIS, Ingénieurs Agronomes

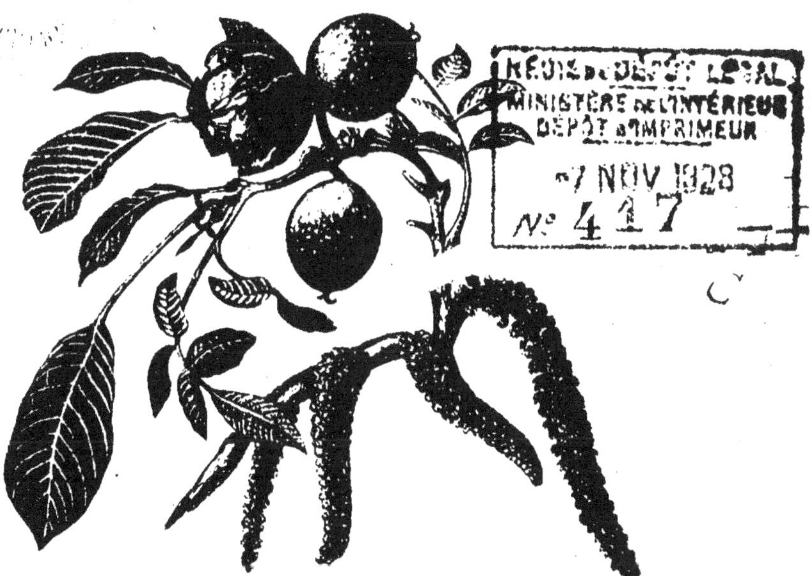

- LIBRAIRIE SPÉCIALE AGRICOLE -
MAURICE-MENDEL, ÉDITEUR - PARIS

LE NOYER

6e Année Le N° : 1 fr. 50 1928

POTAGÈRES, MARAICHÈRES
et Industries annexes et
REVUE GÉNÉRALE D'HORTICULTURE
réunies

Revue mensuelle illustrée d'Enseignement, de Vulgarisation et de Propagande

Rédacteur en chef : H. LATIÈRE, Ingénieur Agronome

Abonnements : *Un an :* France, 12 fr. ; Étranger, 20 fr.

BULLETIN D'ABONNEMENT à remplir et à retourner
à la **LIBRAIRIE SPÉCIALE AGRICOLE**, 58, rue Claude-Bernard, Paris-5e

Veuillez m'inscrire pour un abonnement d'un an à CULTURES FRUITIÈRES, POTAGÈRES, MARAICHÈRES et REVUE GÉNÉRALE D'HORTICULTURE réunies *dont je vous adresse le montant* (France : 12 fr. ; Etranger : 20 fr.) *(Chèque barré ou chèque postal au compte Paris 56.69).*

M

le *192*

BIBLIOTHÈQUE DE "CULTURES FRUITIÈRES"

LE NOYER

sa culture

par C. DURIEZ, Professeur d'Arboriculture.

La Noix de Grenoble
son commerce

par LAURENT RIGOTARD, Ingénieur Agronome.

La Préparation et le Séchage mécanique des Noix

par H. PARIS, Ingénieur Agronome.

ÉDITIONS AGRICOLES MAURICE-MENDEL
58, rue Claude-Bernard, Paris (Ve)

Le travail qui suit
est extrait, en partie,
de
"CULTURES FRUITIÈRES"
et
"REVUE GÉNÉRALE D'HORTICULTURE"
réunies
revue mensuelle illustrée.

LE NOYER

Sa multiplication = Sa culture

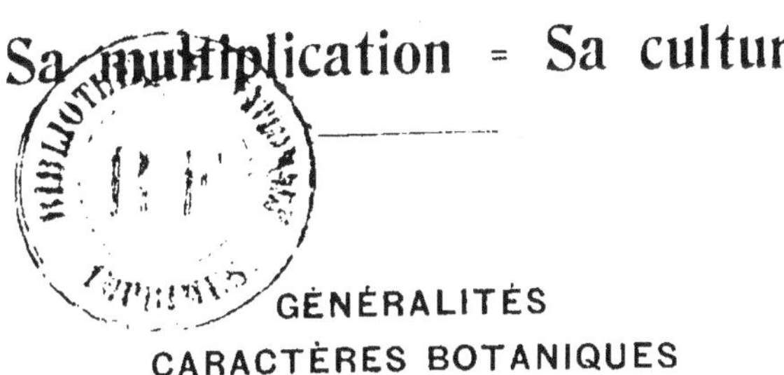

GÉNÉRALITÉS
CARACTÈRES BOTANIQUES

Ce bel arbre de la famille des juglandées peut être regardé comme le géant des espèces fruitières. Il atteint avec l'âge des dimensions énormes, non pas tant au point de vue de sa hauteur, qui va de 12 à 15 mètres, mais surtout comme diamètre de son branchage qu'il développe jusqu'à 3 mètres.

Cette essence est à la fois ornementale, forestière et fruitière. Elle est précieuse et malheureusement, dans bien des régions, l'on ne s'en rend pas suffisamment compte.

Cultivé depuis les temps les plus reculés, le noyer est originaire du sud de l'Europe orientale où on le trouve à l'état spontané et même en Asie jusqu'au Japon.

L'Amérique est également riche en juglandées, noyers ou autres espèces de la même famille, comme nous le verrons par la suite. La Chine et d'autres parties du monde ont également des espèces encore peu connues (1).

---

(1) Ces espèces ont été décrites par M. Dode, dans le *Bulletin de la Société Dendrologique*, sous le titre : « Contribution à l'étude du genre « Juglans » (nº 2, année 1906; nºs 11 et 13, année 1909).

C'est une essence excessivement lente dans son développement et dans sa mise à fruits; mais sa longévité qui peut aller à 300 ans compense largement les retards du début.

Au bout de 15 ans, s'il n'est pas greffé, il paie à peine les frais de sa culture par un commencement de production. Ce n'est que de 20 à 50 ans que le rendement va s'accroissant sans cesse, pour donner le maximum à partir de 60 ans.

Au point de vue botanique, c'est un arbre dont la racine épaisse, charnue, pénètre profondément dans le sol, quand il a été élevé sur place, sans avoir subi des déplantations successives qui en augmentent le chevelu.

Sa tige est droite et atteint avec l'âge des dimensions énormes qui lui donnent une très grande valeur comme bois d'œuvre. Les jeunes rameaux ont une moelle épaisse.

Le Noyer est monoïque, c'est-à-dire que le même pied porte des fleurs mâles et des fleurs femelles séparées.

Les chatons que l'on voit apparaître très tôt sont une agglomération de fleurs mâles. Ils sont verts et cylindriques et ne sont produits que par le bois de l'année précédente.

Les fleurs femelles, au contraire, naissent au sommet des jeunes bourgeons de l'année même et se montrent plus ou moins tôt selon que les variétés sont plus ou moins tardives.

Le fruit, connu de tous sous le nom de « noix », est un fruit sec, non déhiscent, c'est-à-dire ne s'ouvrant pas. Il est de forme et de grosseur variable, selon les espèces et les variétés. La coque plus ou moins dure renferme l'amande qui est la partie comestible. Plus résistante dans les variétés à huile, elle est tendre, mince et a même une tendance à s'atrophier dans les variétés de table. Le tout est enfermé dans une enveloppe verte appelée « brou ».

Les feuilles foliolées sont excessivement nombreuses, d'un grand développement, ce qui fait que cet arbre donne une ombre épaisse qui rend dangereux le repos sous son feuillage, quand on est en sueur.

Certains paysans prétendent qu'il est même imprudent de s'arrêter un moment sous le Noyer, en quelque état que ce soit, parce que ses feuilles, par leurs émanations spéciales peuvent donner la fièvre. Ceci est exagéré, car il n'est pas rare de voir, pendant la fenaison, la moisson, les tıavailleurs prendre leurs repas sous cet abri, sans en être nullement incommodés.

Le Noyer tend à disparaître de nos campagnes.

Il y a 50 ou 60 ans, l'on trouvait des noyers partout, en abondance, isolés, ou bien dans les champs, dans les ravins, qu'ils bordaient de lignes continues, dans les prés, dans les jardins et même dans les cours de fermes.

Je connais des communes du Centre où il en existait de véritables avenues donnant un cachet ornemental tout spécial à l'entrée de certaines fermes.

Des ravins en étaient boisés en entier; des chemins particuliers en étaient plantés.

Tout ceci a disparu.

La beauté de son bois veiné, son élasticité, le beau poli qu'il peut prendre, l'ont fait rechercher de tout temps pour l'ébénisterie, les crosses de fusils, la carrosserie, la confection des sabots, et aujourd'hui, pour les hélices d'aéroplanes et la carroserie automobile.

Dans peu de temps, tout aura disparu, car la guerre lui a encore porté un coup fatal. Les Allemands n'en ont d'ailleurs pas laissé dans les régions du Nord et de l'Est qu'ils ont occupées. C'est un désastre.

Si le cultivateur continue à se désintéresser de la culture de cet arbre, ce sera une ruine pour cette branche autrefois si florissante de la productions nationale.

Je sais que le Noyer a contre lui la longueur de sa croissance, de sa mise à fruits; les gelées printanières qui réduisent souvent ou anéantissent sa floraison et par suite, la récolte.

Et surtout, la valeur de son bois (7 à 800 francs le mètre cube) fait que l'on n'hésite pas à abattre des arbres en plein rapport.

Si l'on joint à tout ceci les dégâts causés par les hivers rigoureux, comme 1879-80 où de nombreux Noyers ont été gelés ou abîmés au point de ne s'en guérir jamais, la dévastation est à peu près complète à part les départements gros producteurs de noix. Heureusement que la nature, sans que le paysan s'en doute, répare ou plutôt essaye de réparer le mal en se chargeant de la diffusion de cette espèce, par l'intermédiaire du corbeau et de l'écureuil.

Le corbeau emporte des noix pour en manger le contenu. Il les laisse tomber où n'arrive pas à les briser, Si le milieu où se fait la chute est favorable, comme les bois ou les friches, les fruits abandonnés germent souvent et perpétuent l'espèce.

L'écureuil, lui, les enterre à la limite des forêts pour en faire sa provision d'hiver. Il ne les retrouve pas toujours ou ne les mange pas toutes. Celles qui restent germent également.

Je connais des bois où l'on trouve de jeunes Noyers par centaines, Noyers perdus, car le bûcheron ou le propriétaire, non instruits du fait ou indifférents, les coupent comme le reste du taillis, alors qu'il serait si simple de les arracher pour les replanter en milieu favorable.

Le cultivateur se fait-il une idée nette de ce que représente une plantation en plein rapport? Avant la la guerre, 25 à 30 Noyers adultes, plantation d'un hectare, valaient à eux seuls 2 à 3.000 francs au minimum. Ces prix ont bien augmenté depuis! Et le revenu produit chaque année par la récolte?

C'est un beau capital qu'un Noyer! Peu de cultures annuelles donnent autant à l'hectare.

Il faut que le paysan plante des Noyers. Il faut qu'il répare le mal. Que de coins perdus, ne produisant rien, seraient favorables pour cela! L'échéance est longue! Mais le bon terrien français serait-il devenu égoïste? Personne ne le croit, car dans les cultures arbustives ce n'est pas seulement pour soi que l'on travaille, mais surtout pour sa descendance. La vie d'un arbre s'échelonne sur plusieurs générations. Rappelons-nous l'octogénaire que le bon La Fontaine nous décrit, dans une de ses fables, en train de planter pour ses arrière-petits enfants.

D'ailleurs il est possible de remédier en partie, comme nous le verrons, au manque de rapport du jeune âge, en faisant des cultures intercalaires, et plus tard en luttant contre les gelées printanières, par la culture de variétés à végétation tardive.

Produits du Noyer.

Ils sont nombreux. Peu d'essences fruitières en ont d'aussi variés.

Quand le Noyer âgé ne produit plus, son bois représente un capital, si l'arbre a été bien soigné. Souvent le tronc se creuse, mais il est facile d'éviter cette maladie ou cet accident, car les deux cas existent.

Le fruit donne lieu à un commerce important. La production représentait 20 millions avant la guerre, pour les départements qui se sont spécialisés dans cette culture, car les autres ne suffisent déjà plus à leur consommation locale en huile et en fruits de dessert.

Nous exportons pricipalement aux Etats-Unis, en Suisse, en Belgique, en Angleterre et nos noix y sont très appréciées.

La noix est consommée sous deux formes : en vert quand l'amande est déjà formée, sous le nom de « cerneau » et en sec.

L'huile de noix est de toute première qualité et son goût spécial que l'on ne retrouve dans nulle autre, à part celui de la noisette, la fait rechercher des gourmets, et si les Noyers redevenaient nombreux, comme autrefois, l'industrie de l'huilerie ne s'en plaindrait pas. Sans entrer dans de plus amples détails, disons que cette huile est obtenue à froid, lorqu'elle est destinée à l'alimentation et à chaud, quand elle va à l'éclairage ou autres usages industriels.

Pour conserver l'huile comestible, il faut la mettre dans des vases tenus bien clos, sinon elle rancit.

Les tourteaux, résidus de la fabrication, servent à la nourriture du bétail et aussi comme engrais.

Les noix sont cassées pour en extraire l'amande que l'on porte à la presse. Ce travail se fait l'hiver, à la veillée ; plusieurs familles se réunissent, s'entr'aident, et ceci ne manque pas de couleur locale, là où la culture est encore suffisante pour pouvoir faire l'huile familiale.

La confiserie confit les amandes.

L'écorce du Noyer, riche en acide tannique, fournit un extrait employé pour les teintures.

Le brou entre dans la préparation d'une liqueur stomachique. Il contient également beaucoup de tannin et son extrait dénommé » brou de noix » par les menuisiers, sert à teinter économiquement les meubles. C'est lui qui tache les doigts d'une façon si indélébile lors de la récolte.

Enfin, les feuilles elles-mêmes ont des propriétés médicinales stimultantes et résolutives, quand elles sont récoltées et séchées avec soin et non ramassées sous les arbres.

L'eau dans laquelle on les met infuser éloigne certains insectes. C'est pour cette raison que l'on en imprègne le poil des chevaux aux endroits où les mouches et les taons se posent de préférence.

Sol.

Le Noyer demande des terrains profonds, je ne dis pas de première qualité ; ce qu'il lui faut c'est que ses racines puissantes aient la facilité de s'enfoncer. Il vient même dans les terres maigres mais perméables. Les alluvions, les sols granitiques, argilo-calcaires, fortement calcaires même mais fissurés lui réussissent. L'on en trouve de magnifiques exemplaires, plus que centenaires, dans les calcaires fissurés de l'Yonne, là où la terre végétale n'existe pour ainsi dire pas. Les éboulis, si nombreux en certaines régions pourraient porter de magnifiques plantations de cet arbre.

Dans les terrains arides, il croit moins vite mais son bois est meilleur, plus beau et la noix est plus riche en huile.

En somme, tous les terrains lui conviennent, à part les sols trop humides, ou ceux à sous-sol imperméable ; là il végète mal, le bois n'aoûte pas et il est sujet aux maladies des branches et des racines, ce qui amène sa décrépitude prématurée.

C'est surtout sur le jurassique et le crétacé que l'on trouve les plantations les plus denses.

Il ne faut pas néanmoins tomber dans l'excès contraire, car des sols trop perméables ne retiennent pas l'eau. Là également, il pousse mal, donne de maigres récoltes et ne vit pas vieux.

Climat.

Le Noyer ne redoute guère le froid : seuls des hivers exceptionnels comme ceux de 1870, 1879-1880, 1889-90, causent des dégâts considérables.

Les tiges sont atteintes de la gélivure, l'arbre périt parfois, et ceux qui ne meurent pas disparaissent les uns après les autres, tués par la carie, ne parvenant pas à cicatricer leurs plaies. C'est pourquoi l'on trouve tant de vieux Noyers dont le tronc est creux ; il y a encore production plus ou moins abondante, mais le bois est invendable ou fortement déprécié. Il est à signaler que les espèces tardives ont mieux résisté à ces froids rigoureux.

Fig. 1. Jeune Noyer d'un an. Racine charnue.

Ce que que le Noyer craint surtout, ce sont les gelées printanières détruisant bourgeons et fleurs en mai et juin. Non seulement la récolte est souvent compromise de ce fait, mais l'arbre, contrarié dans sa végétation est plus sujet aux maladies cryptogamiques. C'est pourquoi il faut, pour le nord, le centre, l'est, faire un choix de variétés à végétation tardive.

Sous prétexte d'éviter les gelées blanches, l'on plante quelquefois dans des vallées profondes, encaissées; c'est une mauvaise méthode. Outre que cet arbre demande de l'air, de la lumière, de l'espace, il y gèle plus que n'importe où.

L'on se trouvera bien de ne pas planter là où les jeunes tiges et les jeunes bourgeons gèlent; il en résulterait une désorganisation des tissus dont les plantes ne se remettraient jamais. Il faudrait alors attendre deux ou trois ans pour recéper au ras de terre et reprendre une tige nouvelle. Ce serait du temps de perdu et une mutilation dangereuse.

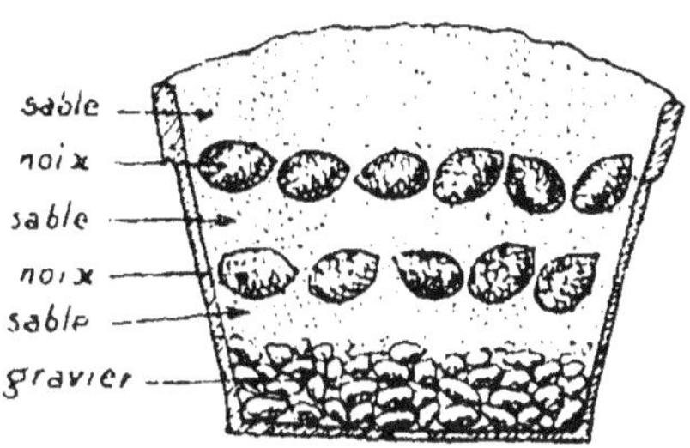

Fig. 2. — Noix stratifiées dans un pot.

Le sol de la pépinière sera très meuble, riche surtout en potasse. C'est pourquoi les cendres de bois sont d'un bon effet. Défoncer à 50 c/m au moins et incorporer la fumure suivante (1) :

Diviser le terrain en planches sur lesquelles des rayons espacés de 80 c/m et profonds de 10 c/m seront creusés. En terre un peu forte, 5 c/m suffisent.

Les Noix germées y sont déposées tous les 40 c/m, en veillant à ce que la pointe de la radicelle se trouve bien contre terre, sinon il en résulterait un coude fâcheux par la suite (fig. 3).

(1) Par are : fumier de ferme, 500 kgs; sulfate d'ammoniaque, 22 kgs; superphosphate ou scories, 55 kgs; sylvinite, 44 kgs.

Recouvrir de terre meuble, puis pailler ou terrauter. Veiller aux rongeurs qui déterrent parfois les noix.

Il ne reste plus ensuite qu'à tenir le sol propre. Pour éviter un trop fort pivot et partant, faire développer le

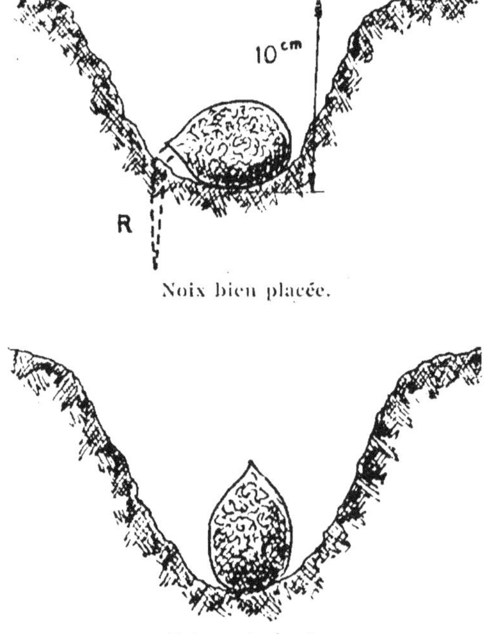

Noix bien placée.

Noix mal placée.

Fig. 3. — La jeune racine R naît vers la pointe.

chevelu si utile à la reprise lors de la transplantation d'arbres formés, certains praticiens déposent des pierres plates ou des tuiles à 30 % de profondeur sous les rayons. Le pivot vient buter contre elles, se coude ; son développement est contrarié ; les racines secondaires et les radicelles se multiplient (fig. 4, *Cultures fruitières*, n° 21).

L'année suivante, le jeune plant est arraché et replanté en pépinière à des écartements plus grands, en vue de son éducation : lignes à 1 mètre et 80 % sur le rang.

Cependant, il serait préférable de planter les sujets en place définitive, le plus jeunes possible, en les pro-

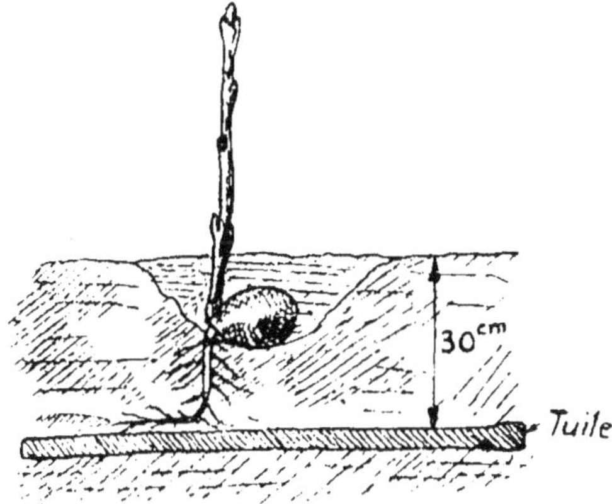

Fig. 4. — Tuile placée sous le rayon pour provoquer la déviation du pivot.

tégeant de la même façon que les semis faits en place.

L'on pourrait aussi bien les dresser ou les greffer à cet endroit le moment venu.

Des Noyers élevés en pépinière jusqu'à l'âge de sept ou huit ans sont d'une reprise plus difficile.

Education des arbres.

Il ne faut jamais enlever d'un seul coup les ramifications latérales qui se développent sur les jeunes troncs.

Elles sont utiles pour faire grossir ces derniers et servent d'appelle-sève. Si on les coupait, la tige resterait grêle et ne pourrait supporter le poids de la tête. On se contente de les pincer si elles prennent trop de développement. Ce n'est qu'à partir de la troisième année que l'on pourra commencer à élaguer, en commençant par le bas, un peu chaque année, à mesure que la tige s'allonge, pour l'amener au moins à 4 mètres de haut. Il est à remarquer que plus le fût de l'arbre est élevé, plus la bille de bois aura de valeur à l'abattage.

Toutes les coupes seront nettes, faites avec un instrument bien affilé et recouvertes de mastic à greffer, car, je le répète, cet arbre est très sensible aux blessures, qui amènent chez lui la carie. Il ne faut donc jamais attendre pour enlever une branche inutile : la plaie trop large mettrait longtemps à se cicatriser.

La tige ne doit jamais être écimée, la tête se forme d'elle-même en cessant d'élaguer, quand la hauteur voulue est atteinte. Si la flèche, malgré tout, menaçait de s'emporter au détriment de la couronne il suffirait d'éborgner les yeux de la pointe pour refouler la sève et faire développer les ramifications latérales (fig. 5).

Quand la tige a sept ou huit ans, elle est bonne à transplanter si c'est un franc, ou à greffer.

La façon d'établir les têtes sur une charpente de 6 ou 8 branches évasées, sera surtout employée pour les arbres greffés et en opérant comme pour les arbres fruitiers de plein vent.

Porte-greffes.

Les porte-greffes du Noyer les plus employés sont : le Noyer commun ou franc, le Noyer noir d'Amérique (juglans nigra), le Noyer cendré (juglans cinerea). Ces trois espèces ont été décrites précédemment.

En Amérique, on greffe sur le Juglans Hindsii et sur le Juglans Californica, qui sont très robustes.

Il est à souhaiter que des essais soient faits pour essayer le greffage sur d'autres espèces de Noyers, américaines ou asiatiques, qui sont très nombreuses. L'on aurait chance d'y trouver des cas intéressants d'adaptation aux divers sols, aux climats, à l'altitude, en même temps qu'une résistance plus forte aux maladies.

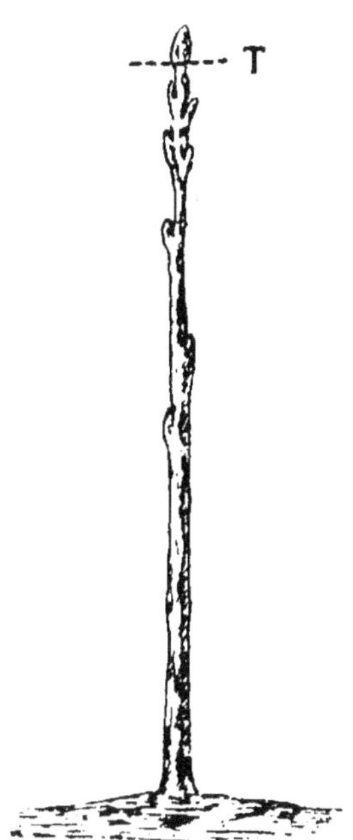

Fig. 5. — Eborgnage en « T » de l'œil terminal pour faire développer les yeux inférieurs.

D'autre part, les genres Carya, Pterocarya, Platycarya, si voisins du Noyer de la même famille, fourniraient peut-être aussi des porte-greffes. Ce sont des arbres de bonne végétation, très robustes, se rencontrant déjà chez nous où ils sont cultivés, dans les parcs, comme espèces d'ornement.

Greffage.

Permet de multiplier et perpétuer les bonnes variétés.

Les Noyers greffés se mettent plus vite à fruits, leur production est plus régulière, la coquille des noix qu'ils produisent est plus mince, enfin leur floraison est plus tardive, ce qui est un grand avantage là où les gelées printanières sont à craindre.

Il est reconnu que les Noyers greffés vivent moins vieux que les francs de pied; mais tout compte fait, ils produisent autant durant leur vie, puisque leur fructification plus régulière est avancée.

La production du bois seule serait moins élevée, vu la moindre vigueur. C'est pour cette raison que l'on

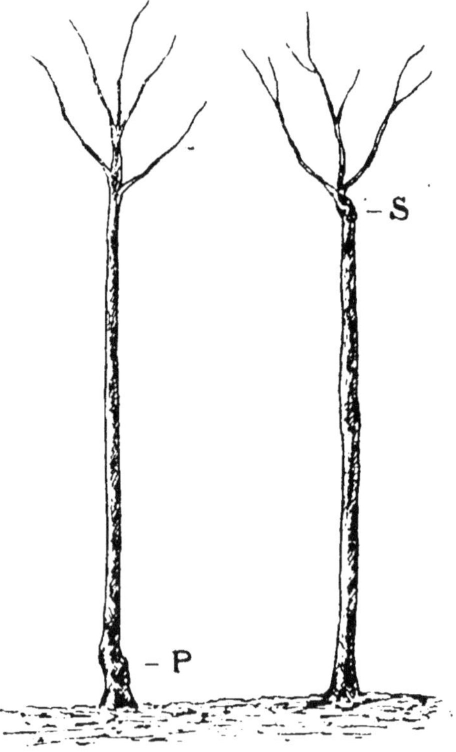

Fig. 6. — Un Noyer greffé au pied, en « P », donnera une tige de moindre valeur comme bois que celui greffé en tête, en « S ».

recommande également de greffer les francs de pied le plus haut possible, car, lorsque la tige est formée avec le greffon, le bois, plus mou, a moins de valeur. C'est à considérer (fig. 6).

Néanmoins, avec la greffe sur collet de racine, telle que certains spécialistes la pratiquent à l'heure actuelle, il n'est pas à craindre d'avoir un bois de qualité inférieure, pour cette raison, sans doute, que le greffon est en contact direct avec les racines. Le bois reste homogène, comme l'atteste le Service des eaux et forêts dans son bulletin de décembre 1923.

Quelle que soit la greffe employée, éviter de mettre une variété précoce sur un sujet de végétation tardive. Ce serait une cause de déboires.

Le contraire est moins anormal ; mais il faut s'attacher à ce que sujet et greffon soient de même époque de végétation. Ils auront plus d'affinité.

Les différentes greffes employées pour le Noyer sont : l'écusson ; la greffe anglaise ; les greffes en fentes ; sur collet de racine, simple, double, terminale, sur bifurcation ; en couronne ; en flûte.

L'écusson est à rejeter, il se décolle. Il est pourtant quelquefois employé dans le Midi.

Le greffage chez cet arbre demande de l'habileté, plus encore que pour les autres essences fruitières, et il n'est pas rare d'avoir une forte proportion de non-réussite, avec ce bois où la moëlle est épaisse dans les jeunes rameaux. Les difficultés ne sont pourtant pas insurmontables et les maîtres-greffeurs que l'on rencontre dans les pays vignobles s'en feront facilement une spécialité le jour où cette culture aura repris son essor.

Si on excepte la greffe en flûte et l'écusson, les greffons sont des extrémités de rameaux possédant leur œil terminal. On les choisira bien aoûtés, avec, à leur base, du bois de l'année précédente, la moëlle y sera moins épaisse et par suite les coupes plus nettes et plus faciles à faire.

Les choisir sur des arbres fertiles, vigoureux sans excès, exempts de maladies et même d'insectes.

Ces rameaux dont on fera une ample provision seront coupés pendant le repos de la sève, mais non par la gelée. On les mettra en bottes pour les conserver au frais, enterrés dans du sable, à 20 %m de profondeur, au pied d'un mur au nord, là où le soleil ne donne jamais pour éviter que les bourgeons ne se gonflent au printemps.

Dans ces greffes par rameaux, le sujet peut avoir poussé ; mais le greffon jamais.

Avant de les employer, ils seront lavés soigneusement. Les outils nécessaires au greffage seront d'une grande propreté et leur tranchant bien affilé pour obtenir des coupes nettes; il ne faut pas de déchirures.

Greffe en fente sur collet de racine. — Elle est plutôt du ressort du spécialiste s'adonnant à l'éducation de cet arbre, ou du pépiniériste. Il faut un certain matériel, ne serait-ce qu'un coffre avec son châssis (fig. 7).

Cette greffe reprend bien ; elle est aussi facile à exécuter que les autres greffes en fente. Certains pépiniéristes s'en sont fait une spécialité et produisent des plants par milliers ; il n'est pas rare de voir des sujets de 3 ou 4 ans de greffe, portant quelques noix. Il y aurait peut-être un peu moins de vigueur du fait de cette production avancée ; mais en bon sol et avec des soins il n'y a rien à craindre.

La greffe anglaise faite trop loin du collet n'aurait peut-être pas les mêmes avantages.

Les jeunes plants d'un ou deux ans de semis sont arrachés en janvier-février, décapités au niveau du collet, puis greffés en fente. On peut couper les racines les plus longues par la moitié et faire deux greffes avec le même plant, d'où économie de sujets.

On les rempote ensuite pour les placer sous châssis ou sous cloche et sur une couche chaude, en attendant la reprise qui est complète en mai, époque où la plantation peut se faire en pépinière.

Certains praticiens mettent les sujets greffés assez serrés, à même la terre du coffre.

On peut également et dans les mêmes conditions les placer en serre tempérée, à l'étouffée. Les plaies seront engluées.

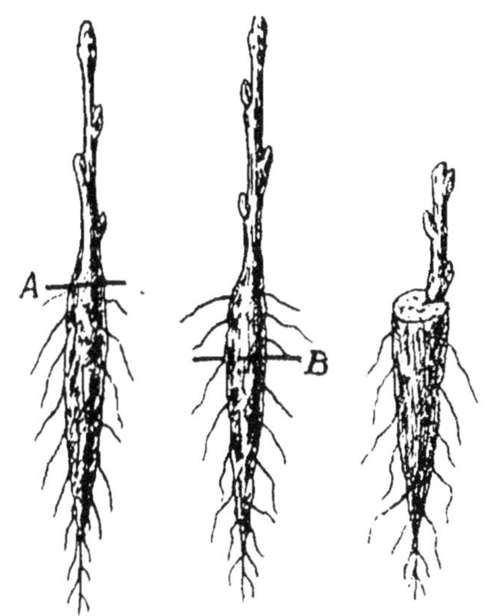

Fig. 7. — Greffe, en fente sur collet ou sur fragment de racine, en « A » ou en « B ».
Dans le 2e cas, les 2 fragments donnent 2 sujets.

Greffe anglaise. — Elle tend à se développer de plus en plus, non-seulement pour le Noyer, mais aussi pour beaucoup d'espèces fruitières.

On opère en avril sur du plant de semis d'un an ou deux, arraché en mars puis mis en jauge en attendant. Greffe très commode, faite à l'abri, le greffeur assis.

Pratiquer à quelques centimètres du collet une coupe franche, en biseau. Il faut un greffon de même diamètre que celui du sujet étêté. S'il doit y avoir une différence, et cela arrive assez souvent, ce sera le greffon qui sera moins épais. La coupe sera également en biseau sur le greffon et faite sous le même angle, par conséquent à peu près de même surface. On y arrive facilement en rapprochant les coupes pour les comparer ; un praticien juge même au premier coup d'œil (fig. 8). Une incision limitant une languette de bois est faite au tiers de la longueur des biseaux vers la pointe des coupes. Le bois ne doit pas être tranché suivant le fil, ce qui pourrait amener l'éclatement ; mais un peu en biais. Il ne reste

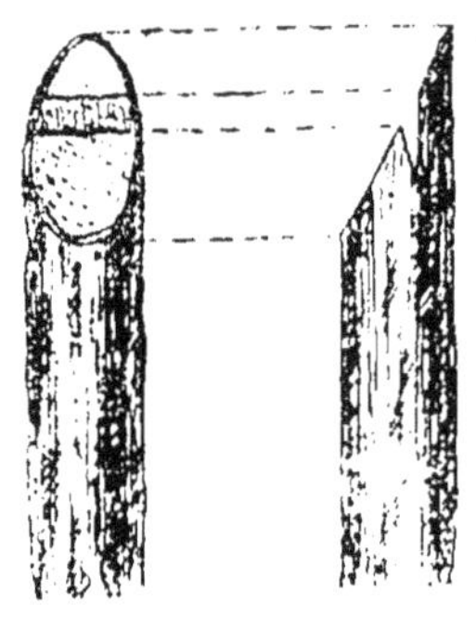

Place des esquilles
au 1/3 supérieur de la coupe.

Fig. 8.

Greffe anglaise, coupes et ajustage.

plus ensuite qu'à assembler sujet et greffon, en engageant les languettes l'une dans l'autre de façon que les coupes se recouvrent totalement, faisant coïncider les zones génératrices. Ligaturer au raphia sans que les tours se chevauchent mais laissent au contraire du bois à découvert, ce qui facilitera le développement du tissu cicatriciel, qui, dans le cas contraire, serait gêné pour se multiplier puisqu'il lui faut la place pour former bourrelet à l'extérieur. C'est même pour cette raison et dans la pratique, la chose est constatable, que des greffes collant trop bien ne se soudent pas.

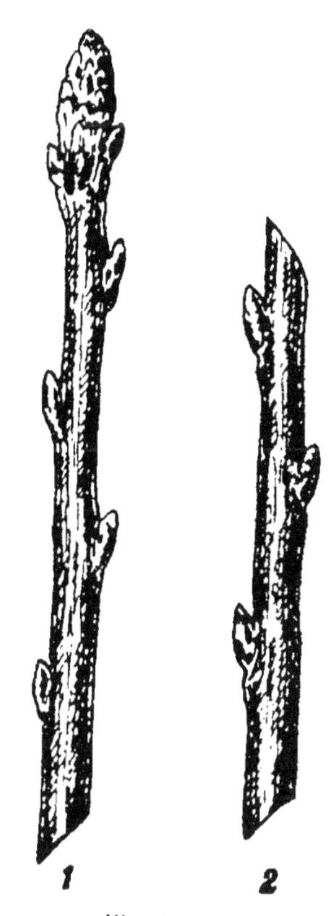

Fig. 9.

1. Rameau greffon avec œil terminal.
2. Rameau greffon sans œil terminal.

Qui n'a vu les greffes anglaises de vignes, à peine ajustées, faites en vitesse, par des greffeurs de profession, donnant, malgré cela, un pourcentage élevé à la reprise. Inutile d'engluer dans cette méthode. Ajoutons que le greffon est un rameau portant son œil terminal lequel donnera la tige (fig. 9).

Les sujets greffés sont placés en caisses, calés jusqu'au dessous du greffon dans la mousse fraîche, très légèrement humide, puis portés dans une pièce ou une serre à la température de 10 à 15°, maintenue la plus régulière possible.

Il arrive un moment où la sève se met en mouvement; les bourgeons se gonflent ; il faut alors sortir les caisses le jour et les rentrer le soir pour les habituer graduellement à l'air extérieur. Lorsque le bourrelet cicatriciel se montre le long des coupes, c'est le moment de planter en pépinière, soit avec un gros plantoir, soit en ouvrant de petites tranchées espacées de un mètre, dans lesquelles on place les jeunes Noyers à 50 ou 60 centimètres les uns des autres, en les calant avec de la bonne terre meuble, que l'on tasse légèrement avec le pied la tran-

Fig. 10. — Greffe anglaise en pépinière, butée jusqu'au dernier œil.

chée remplie ; seul l'œil supérieur du greffon doit dépasser. Il faut donc butter (fig. 10).

Pour être sûr que la terre comble bien tous les vides, il est prudent d'arroser avant le buttage.

Les deux procédés de greffage précédemment décrits sont surtout pratiqués par les pépiniéristes, mais dans les campagnes le paysan amateur, qui opère sur des tiges déjà fortes arrivées à la hauteur voulue et simplement pour former la tête avec le greffon — procédé que l'on ne peut qu'approuver — emploie toute la série de greffes en fente, celle en couronne ou bien la greffe en flûte.

Je recommanderais moins les greffes en fente simple ou double et en couronne, bien qu'elles soient en usage dans certaines régions. Elles ont le grave défaut de laisser d'énormes plaies qui, chez le Noyer, se cicatrisent difficilement ; en outre, quand elles sont faites à la base de la tige ou en son milieu, elles diminuent sa

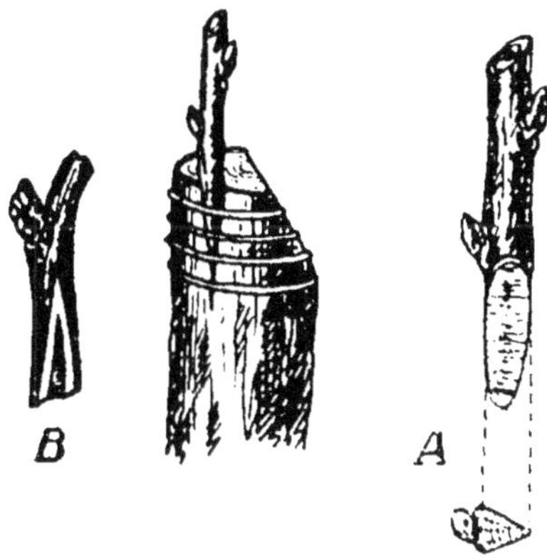

Fig. 11. — Greffe en fente simple.

A. — Coupe transversale du greffon dans la partie à insérer dans la fente.
B. — La moelle n'est visible que d'un côté, à la base du greffon.

valeur comme bois de service. Nous les étudierons néanmoins.

Les greffes en fente se font au printemps, en mars-avril, à la montée de la sève, plus ou moins tôt selon les régions, sur des sujets élevés en place définitive, ou encore en pépinière.

Les greffons employés, comme pour la greffe en couronne d'ailleurs, sont des rameaux conservés, n'ayant pas végété. La sève du sujet peut avoir commencé sa montée, celle du greffon jamais ; il ne faut donc pas couper ces derniers sur un Noyer au moment de greffer. J'insiste sur ce point.

Greffe en fente simple. — Pratiquée sur des sujets ayant 2 à 3 centimètres de diamètre. A quelque hauteur que l'on greffe, le sujet est étêté. Sur la section horizontale en faire une autre en oblique pour obtenir un bec de flûte et éviter ainsi que la partie opposée au greffon ne se dessèche. La fente est faite du côté du bec et suivant le rayon ; jamais de part en part selon le diamètre (fig. 11).

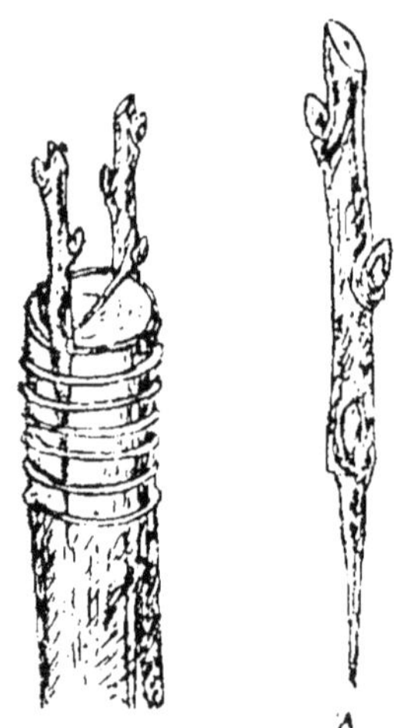

Fig. 12. — Greffe en fente double. A, greffon préparé.

Le greffon, portant deux ou trois bons yeux, est taillé en biseau sur 2 faces en commençant les coupes à la base d'un œil et en lame de couteau, c'est-à-dire que la partie à insérer dans la fente aura la forme d'un coin mince. La moelle ne sera visible que d'un côté. C'est une difficulté pour bien faire les 2 biseaux.

Placer le greffon dans la fente que l'on maintient ouverte avec le bec de la serpette. Faire coïncider les couches génératrices en tenant compte de l'épaisseur des écorces. Pour être sûr qu'il existe au moins un point de contact, il suffit d'incliner un peu le greffon.

Si la fente n'a pas été faite de part en part, ce dernier est bien coincé, suffisamment serré ; dans le cas contraire, ligaturer soigneusement avec du raphia, de la corde, etc. Engluer largement toutes les plaies.

Greffe en fente double.— Ne diffère de la greffe en fente simple qu'en ce que l'on opère sur des sujets plus gros (4 à 5 $^c/_m$ de diamètre) et en ce que les fentes traversent le sujet de part en part selon son diamètre. On peut ne mettre que deux greffons, mais aussi quatre, six, selon la grosseur. Dans le Noyer on s'arrêtera aux arbres ne pouvant en porter que deux, pour ne pas augmenter inutilement les mutilations qui sont toujours funestes dans les espèces à bois tendre et moelleux.

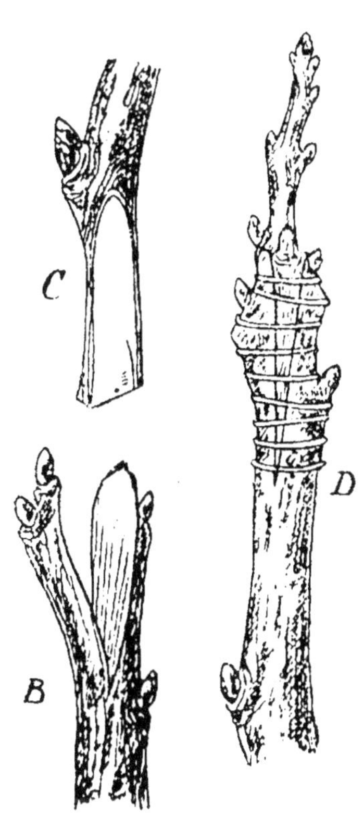

Fig. 13. — Greffe en fente terminale.
B, bourgeon terminal fendu,
C, greffon préparé,
D, greffe achevée.

Pour de plus gros sujets, il vaut mieux avoir recours à la greffe en couronne. Dans la greffe en fente double, le sujet est étêté par une courbe horizontale bien parée à la serpette. Le greffon, portant deux ou trois yeux francs, est taillé également en commençant au niveau d'un œil; mais les deux biseaux sont presque parallèles, sans former lame de couteau. La moelle n'est toujours visible que d'un côté.

Les greffons sont insérés aux deux extrémités du diamètre. Ligaturer solidement puis engluer (fig. 12).

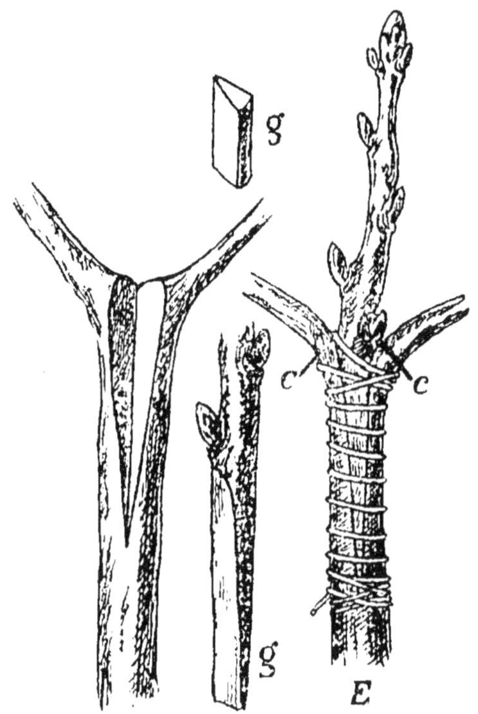

Fig. 14. — Greffe en fente sur bifurcation.
g. greffon taillé en coin aminci.
E. greffe achevée.
Les branches seront coupées plus tard, en « C ».

Greffe en fente terminale. — Elle est spéciale aux espèces à prolongement épais comme le Noyer. On la préfère à la greffe en fente ordinaire. Le sujet est fendu à son extrémité, la fente séparant en deux l'œil terminal, sans éclater le bois et sans aller trop bas, de façon que le greffon force en le plaçant (fig. 13).

Ce dernier, pourvu de son œil terminal, doit porter du bois de deux ans à la base pour qu'il y ait moins de moelle. Il sera de même diamètre que le sujet et s'il en était autrement, il faudrait bien faire coïncider les couches génératrices d'un côté. On le taille en coin par deux biseaux opposés, l'un ne découvrant pas la moelle.

Ligaturer et engluer. Il est recommandé de protéger le greffon en l'encapuchonnant avec un cornet de papier parcheminé, que l'on enlèvera quand sa présence ne sera plus nécessaire.

Greffe en fente sur bifurcation. — Se pratique comme la précédente et à la même époque. Même greffon pourvu de son œil terminal. La fente est faite à l'insertion d'une fourche et dans son axe (fig. 14).

Se méfier en ligaturant, car la ligature a tendance à descendre et ne serre pas; vu la conformation spéciale à cet endroit, il est bon, pour plus de sûreté, de passer un tour ou deux du ligament sur la fourche. Engluer et encapuchonner.

Greffe en couronne. — Pratiquée sur des sujets dont le diamètre est plus fort que dans les cas précédents. On l'emploie encore, et c'est la seule possible, lorsque sur des arbres déjà âgés, l'on veut changer la variété. A cet effet, les grosses branches sont coupées plus ou moins loin du tronc et c'est sur les coupes rafraîchies convenablement que l'on insère les greffons, rameaux munis de deux ou trois bons yeux.

La greffe en couronne se fait en mai, c'est-à-dire quand le sujet est en sève, pour que l'écorce puisse se soulever. C'est en effet entre l'écorce et le bois que le greffon est enfoncé. Même choix de rameaux que dans la greffe en fente (fig. 15).

Le greffon est taillé d'un seul côté, en biseau plat et allongé de 3 c/m en bec de flûte, en commençant à l'opposé d'un œil et en face la base de celui-ci. La coupe se termine en languette mince dans l'écorce.

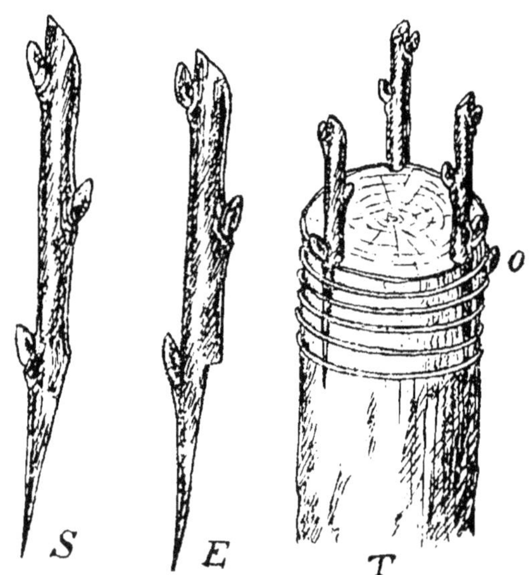

Fig. 15. Greffe en couronne.
S, greffon avec biseau simple,
E, greffon avec épaulement,
T, greffe terminée,
O, œil appelle-sève.

On peut encore, pour qu'il tienne plus solidement une fois placé, faire un cran sur un tiers de son épaisseur, en haut du biseau, cran qui viendra se poser, s'asseoir sur la coupe horizontale du sujet. Selon que le porte-greffe est plus ou moins gros, on met 2, 3, 4, 5 greffons.

Lorsque l'écorce est épaisse, mais encore souple, le greffon est enfoncé par simple pression, il fait son passage lui-même et n'en reprend que mieux si l'écorce ne se fend pas. L'on peut même préparer sa place avec un coin en os ou en bois dur.

Si l'on s'aperçoit que l'écorce a une tendance à se rompre, à se déchirer, il vaut mieux l'inciser longitudinalement et la soulever un peu. En ce cas, il faut ligaturer. Toujours engluer les plaies, y compris celles de la partie supérieure du greffon. Si la sève suinte, comme cela se produit à cette époque, l'essuyer avant de mettre le mastic qui sans cela ne tiendrait pas.

Les greffons sont posée à 3 centimètres les uns des autres.

Greffes en flûte ou en sifflet. — Ces greffes tirent leur nom du procédé employé par les enfants pour faire un sifflet. Le sujet et le pied-mère portant les greffons doivent donc être en sève pour que l'écorce puisse se décoller. On les exécute au printemps, en mai.

Assez difficiles à réussir, certains greffeurs obtiennent pourtant de bons résultats. Il est des endroits où cette greffe est la seule employée.

Il existe deux sortes de greffe en flûte selon que l'on opère sur tiges ou des ramifications étêtées ou non.

Le greffon dans l'un et l'autre cas est un anneau d'écorce portant un ou plusieurs yeux bien constitués (fig. 16).

Greffe en flûte sur sujets étêtés. — Le sujet et le rameau-greffon seront de même diamètre et le sujet étêté à l'endroit où la greffe sera ajustée.

L'écorce est enlevée sur une surface égale à celle qu'occupera l'anneau d'écorce constituant le greffon.

Choisir pour cela une partie bien lisse pour que cet anneau portant l'œil soit plus facile à poser.

Pour enlever le greffon de la branche qui le porte, pratiquer au-dessus et au-dessous de l'œil ou des yeux à conserver et à 3 ‰ de ces derniers, une incision circulaire qui délimitera le tube d'écorce du greffon. Pour détacher cet anneau, agir avec précaution, par une

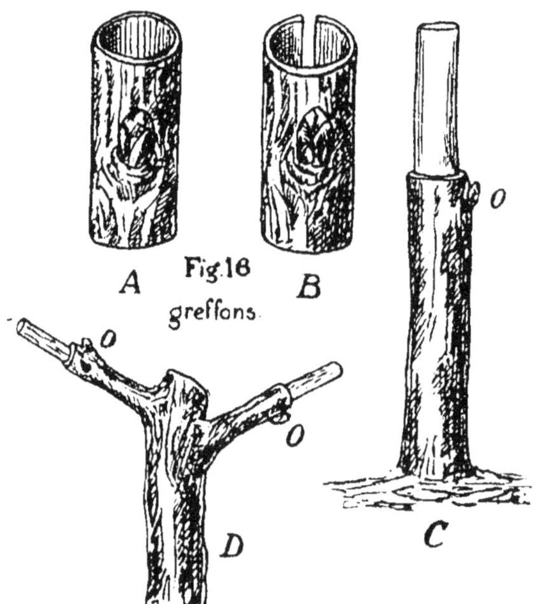

Fig. 16. — Greffons. — Greffe en flûte sur sujet étêté.
A, greffon non fendu, *B*, greffon fendu,
C, sujet préparé, *D*, ramification préparée,
O, œil appelle-sève.

pression graduelle et en tournant, mais sans tordre les tissus.

Le greffon est ensuite glissé à la place préparée. S'il est trop étroit et ne peut rentrer, ou trop large et ne colle pas, on le fend longitudinalement à l'opposé de l'œil pour pouvoir le placer, ou bien on enlève un lambeau d'écorce pour en réduire le diamètre et l'ajuster.

Il faut aller vite dans ces diverses opérations, car les plaies doivent rester exposées à l'air le moins longtemps possible.

Mastiquer les plaies, y compris la fente de l'anneau si l'on en fait une.

Inutile de dire que si l'écorce a été fendue, il faut ligaturer pour la maintenir et assurer le contact.

Greffe en flûte sans étêtage. — On opère comme pour la précédente; mais le sujet, branche ou tige, n'est pas décapité.

Plus facile à exécuter et surtout plus avantageuse, car si la reprise ne se fait pas, la greffe peut être recommencée en dessous (fig. 17).

Le greffon est plus facile à poser, car il faut le fendre pour pouvoir l'ajuster à son emplacement. On favorise la reprise en raccourcissant la partie supérieure à la greffe, mais pas au ras de celle-ci.

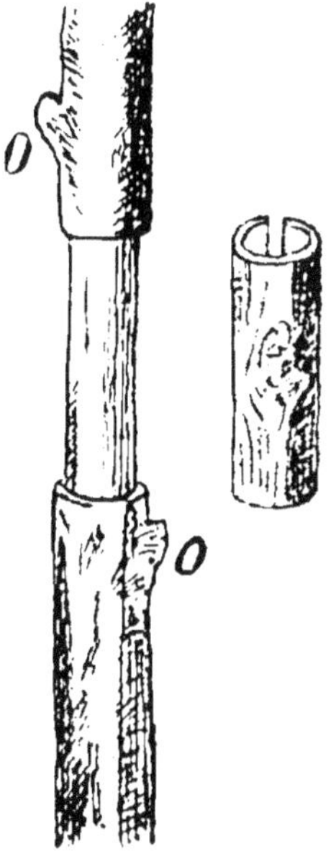

Fig. 17. — Greffe en flûte sur sujet non étêté. *O*, yeux appelle-sève.

Se méfier des coussinets correspondant aux yeux. Ils sont gênants pour poser l'anneau qu'ils déchirent intérieurement. Les enlever au greffoir sur le sujet avant de placer le greffon. Au lieu d'enlever un anneau d'écorce sur le sujet, il est plus pratique de découper cette écorce en lanières restant fixées par leur base. La greffe achevée, on les relève sur le greffon qu'elles prolègent, puis on ligature le tout, et on mastique s'il le faut (fig. 18).

Soins après le greffage

Toutes ces greffes faites comme nous venons de le voir nécessitent par la suite certains soins dont nous allons dire quelques mots :

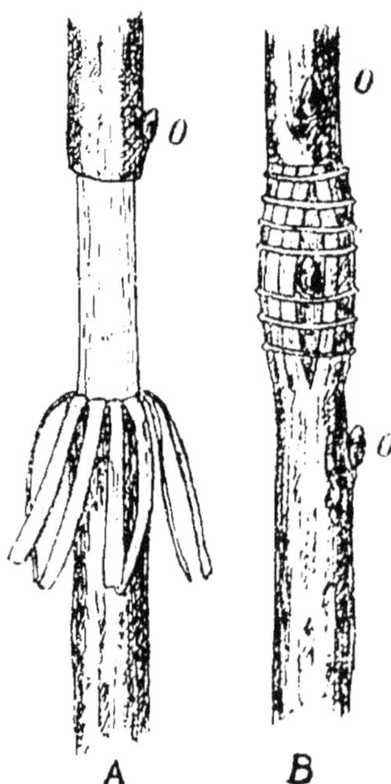

Fig. 18. — Greffe en flûte avec lanières d'écorce.
A, sujet préparé,
B, greffe terminée.

Dans tous les cas, surveiller les ligatures qu'il faut ou resserrer ou desserrer selon les cas.

Il arrive aussi que le mastic se dessèche, tombe par morceaux et laisse les plaies à découvert. Il faut en remettre sans retard, mais enlever l'humidité auparavant s'il y en a, sinon il ne prend pas.

Tuteurer les jeunes bourgeons qui sont très délicats et sont à la merci du vent, ou d'un oiseau qui se pose dessus. On les palisse soit après la tige, avant le sevrage, soit après un osier recourbé en anse de panier et fixé sur le sujet par ses extrémités (fig. 19).

Une pratique que l'on ne saurait trop préconiser est de garder des yeux sur les sujets au voisinage des greffons. Les bourgeons qui en naissent servent d'appelle-sève et facilitent la soudure. On les supprime progressivement après la reprise, et ceux qui restent les derniers sont pincés quelque temps avant de les enlever, tout ceci pour qu'il n'y ait pas d'ablation trop brutale (fig. 20).

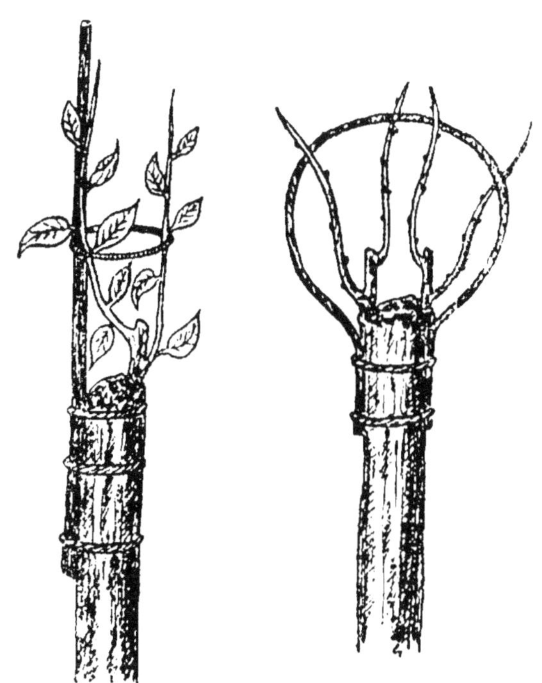

Fig. 19. — Tuteurage des greffes.

Dans la greffe en fente terminale, les bourgeons terminaux du sujet seront laissés jusqu'au moment où le greffon entrera en végétation. On les pincera ensuite, pour ne les enlever que lorsque la greffe sera assez forte. Mettre du mastic sur les plaies (fig. 21).

Pour la greffe sur bifurcation, pincer les pousses qui naissent sur les deux branches de la fourche, et à mesure que le greffon se développera ces deux branches seront raccourcies petit à petit, jusqu'au moment où on les coupera définitivement près de leur empatement,

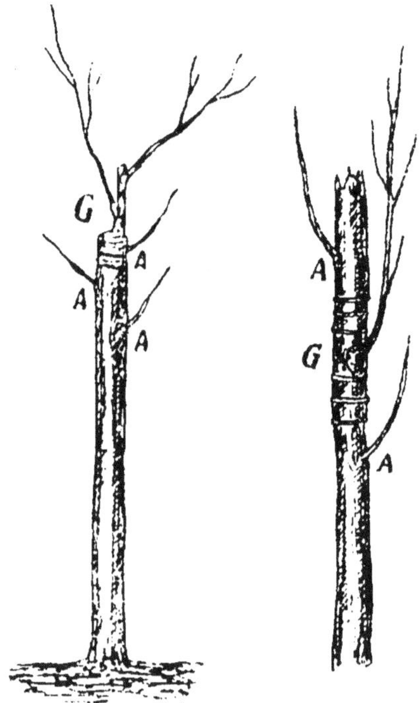

Fig. 20. Les appelle-sève *A*, situés près des greffes *G*, ne seront supprimés qu'après reprise de celles-ci.

pas trop près ; mastiquer les plaies avec soin (*fig.* 22).

La méthode des greffes en flûte demande les mêmes précautions au point de vue des appelle-sève. Pour celles faites sur sujets non étêtés, la partie supérieure à la greffe ne sera enlevée qu'après reprise totale du greffon et en prenant la précaution de la rabattre gra-

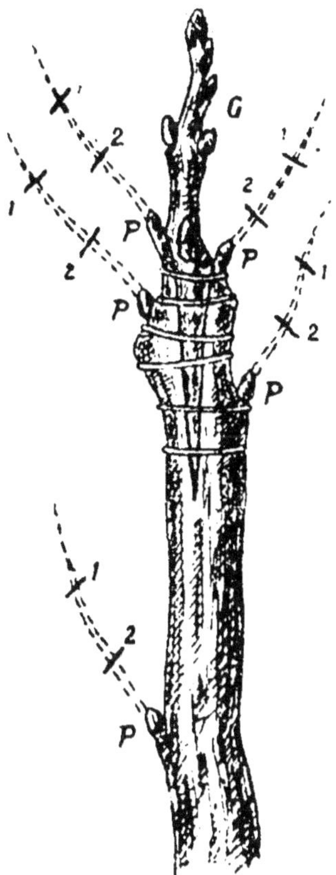

Fig. 21. — Les pousses *P* se développant au voisinage du greffon *G* seront, après la reprise de celui-ci, pincées en 1, puis en 2, pour être ensuite supprimées sur leur empatement et en commençant par celles du bas.

duellement, pour enfin sevrer, par une entaille de plus en plus profonde, jusqu'au moment où on fera l'ablation définitive; puis la plaie sera recouverte de mastic (fig. 23).

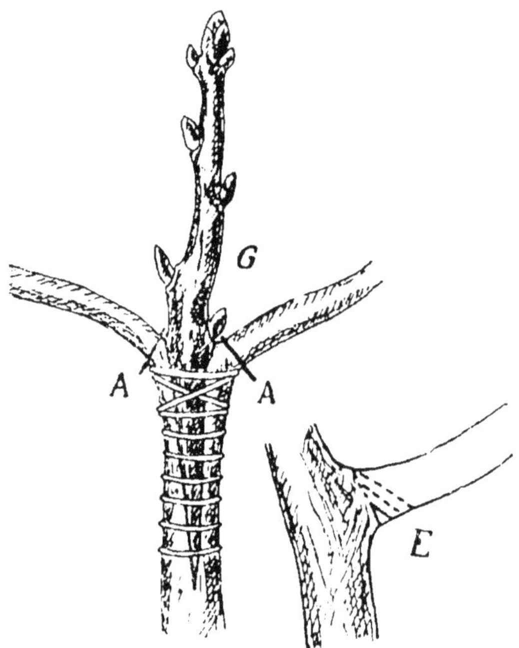

Fig. 22. — Après la reprise de la greffe *G*, les branches de la fourche sont coupées en *A*, sur leur empatement, non pas d'une seule fois, mais par une entaille *E* de plus en plus profonde, faite à plusieurs jours d'intervalle.

III. — EDUCATION DES ARBRES

Si, sur les francs de pied, on se contente seulement d'élaguer, la tête se formant d'elle-même à la hauteur voulue, il n'en est pas toujours de même quand il s'agit de former la cime de l'arbre avec le greffon. Il faudra, soit faire ramifier ce dernier à la hauteur convenable, soit en diriger les ramifications pour obtenir un branchage régulier, évidé au centre, à seule fin que toutes ses parties subissent l'action bienfaisante de l'air et de la lumière.

Toute la tête sera établie sur cinq à huit branches régulièrement disposées autour de la tige et formant une espèce de vase. Trois ou quatre branches équidistantes, taillées à 30 c/m donneront la charpente en se bifurquant (fig. 24).

Chaque année, dès l'automne, les arbres seront examinés; les gourmands et les branches mal placées, enlevés soigneusement. Ne jamais élaguer par la gelée, les plaies ne se cicatrisant pas; toujours faire des coupes nettes que l'on badigeonne de coaltar, ou que l'on recouvre, de préférence, avec du mastic à greffer, sinon les Champignons de la carie et la pluie ne tardent pas à exercer leurs funestes effets sur ce bois jeune et tendre d'une espèce plus sensible que toute autre.

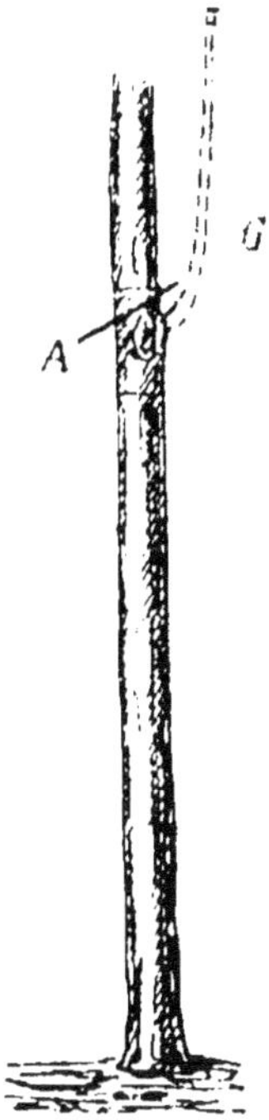

Fig. 23. — Lorsque la greffe en *G* sera complètement reprise, couper la partie au-dessus en *A*, au ras de la greffe.

Plantation.

Je ne m'étendrais pas longuement sur cette opération qui est à peu près semblable pour tous les arbres fruitiers. La meilleure époque pour le Noyer est l'automne, quand le sol est encore chaud et non gorgé d'eau comme il le sera plus tard.

Les trous seront d'autant plus grands que le sol sera

moins riche. D'une façon générale, les faire plutôt larges que trop profonds : 1 m. 50 à 2 mètres de côté sur 70 à 80 centimètres de profondeur et en piocher le fond sur place. Opérer assez longtemps à l'avance pour

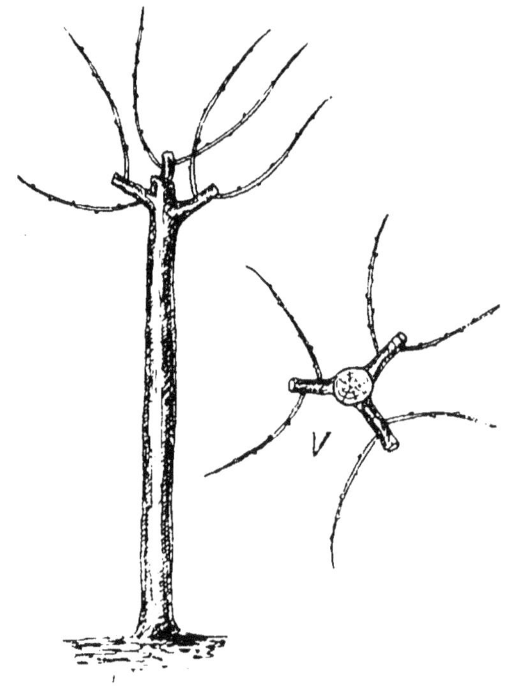

Fig. 24. Jeune Noyer greffé.
Tête établie sur 6 branches ; en *V* la tête vue en-dessus.

que la terre s'aère. Pour le Noyer, le défoncement est donc plus profond que pour les autres essences (**fig.** 26).

Apporter du terreau, des scories que l'on incorporera intimement à la masse en remblayant. Surtout ne jamais mettre du fumier ou toute autre matière organique non décomposée en contact direct avec les racines. Ce serait créer un milieu favorable au pourridié qui s'attaque déjà si facilement à cette espèce.

Habiller les arbres en coupant à la serpette les extrémités mutilées des racines; faire des coupes en biseau et en-dessous pour qu'elles s'appliquent contre terre, se cicatrisent, donnent du chevelu (fig. 27).

Pour les branches, raccourcir celles trop longues produisant un déséquilibre de la tête, supprimer celles en excès ou ayant une tendance à retomber. Mais couper à bon escient pour éviter les plaies et toujours à l'opposé d'un œil (fig. 27 *bis*).

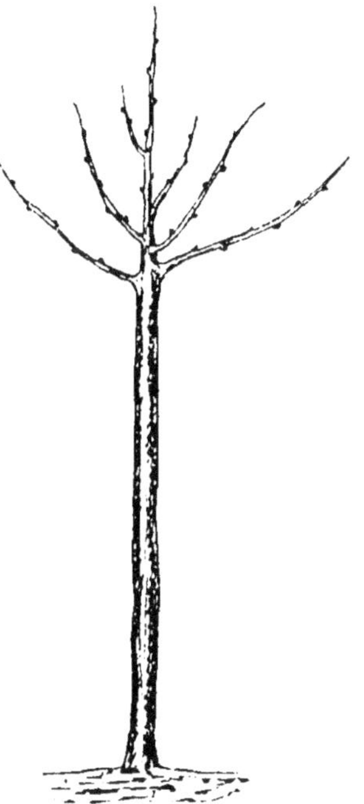

Fig. 25. — Noyer de semis. La tête se forme naturellement.

Les trous auront été remplis assez longtemps à

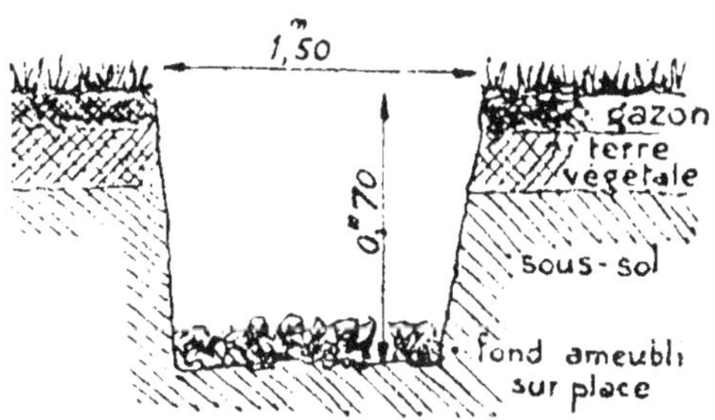

Fig. 26. — Trou de plantation. Les différentes terres sont déposées en 3 tas séparés.

l'avance pour que la terre soit tassée au moment de planter et n'entraine l'arbre qui, trop enterré végéte-

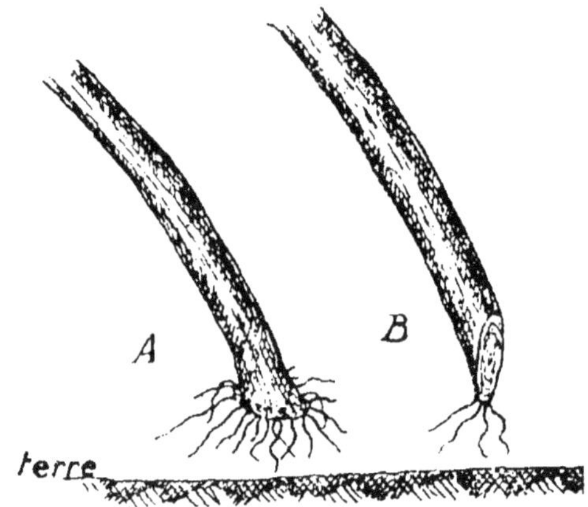

Fig. 27. — *A*, extrémité de racine bien habillée, *B*, le même dont la coupe a été mal faite ; le chevelu ne s'est pas développé.

rait mal. Mettre de la terre meuble et riche sur les racines et finir de remplir le trou avec la plus mauvaise terre, si on n'en possède pas d'autre. Le tuteur aura été placé avant de planter et fixé solidement dans la terre ferme du fond (fig. 28).

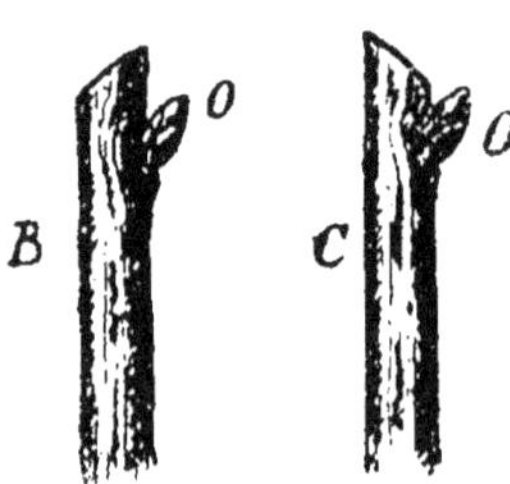

Fig. 27 bis.
Sur une branche :
B, coupe bien faite,
C, coupe mal faite,
O, œil.

Les arbres seront protégés par un entourage en prunellier, aubépine, ronce artificielle, etc. En tout cas, les animaux ne doivent pas pouvoir se frotter contre les sujets plantés.

Au printemps, mettre un bon paillis au pied, arroser s'il le faut pour assurer la reprise, toutes précautions indispensables pour avoir une réussite certaine.

Les distances de plantations varient selon que les arbres sont greffés ou non.

Pour les premiers, 15 mètres en tous sens suffisent,

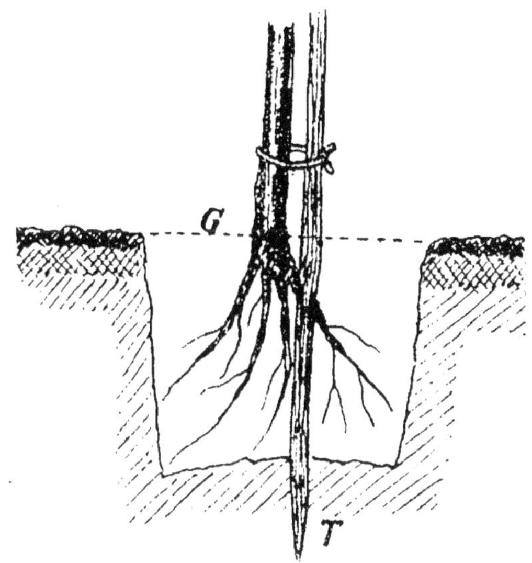

Fig. 28. — Le tuteur *T* est enfoncé dans la terre ferme et le collet *G* de l'arbre doit se trouver au niveau du sol.

mais pour les francs de pied, 20 mètres ne sont pas de trop en bon sol.

Ces écartements peuvent paraître exagérés, mais il y a tout à gagner à ne pas planter serré si l'on veut faire de bonnes récoltes et ménager par la suite des troncs d'une réelle valeur commerciales.

Entretien des plantations. — Fumures.

Si le terrain a quelque valeur, comme le Noyer produit tard et met assez longtemps à couvrir le sol de son ombrage, il n'y a pas, selon moi, grand inconvénient à

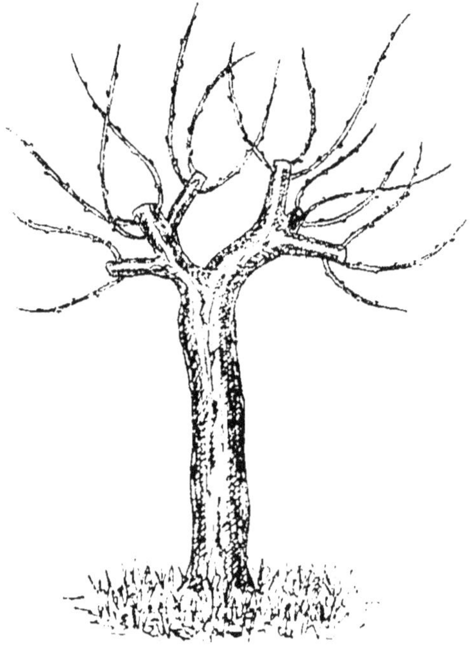

Fig. 29. — Noyer rajeuni.

faire quelques cultures intercalaires, haricots, pommes de terre, betteraves, qui tiendront le sol propre et riche, tout en rapportant un peu. Ceci peut se faire d'autant plus facilement pendant les premières années, que les arbres sont plantés plus écartés. Plus tard, le Noyer ne supporte plus aucune culture sous son ombrage.

D'ailleurs, l'on se méfiera de labourer profondément près des pieds, car les racines superficielles en souffriraient.

Comme tous les arbres fruitiers, le Noyer, dans sa période de croissance, demande des fumures régulières pour la formation de sa charpente et dans sa vieillesse pour le maintenir en bon état de production.

Le Noyer bien fumé met trois fois moins de temps pour donner un mètre cube de bois et pour prendre tout son développement. C'est un mauvais calcul que de l'abandonner à lui-même comme on le fait trop souvent.

Il lui faut de temps en temps une fumure organique au fumier de ferme et, tous les trois ans, les engrais chimiques suivants :

Chlorure de potassium......	5	kilogs	par are
Superphosphate.............	8	—	par are
Nitrate de soude...........	3	—	par are

En sols frais, le superphosphate sera remplacé par 10 kilogs de scories.

Répandre ces engrais sur tout le terrain, quand les arbres sont âgés, ou seulement sur la surface couverte par le branchage, quand ils sont jeunes.

Le superphosphate et le chlorure sont enfouis en automne et le nitrate semé en couverture au printemps, en plusieurs fois, la première quand les feuilles sont bien développées.

Rajeunissement des vieux Noyers.

Il arrive parfois que des Noyers âgés cessent de produire, bien que leur bois ne paraisse pas malade, à part un peu de dessèchement des extrémités. Ce sont les signes avant-coureurs de la vieillesse. Ces arbres peuvent de nouveau donner des fruits si on les restaure. Pour cela, rabattre les grosses branches à 1 mètre ou 1 m. 50 du tronc. Il vaut mieux couper un peu long et de préférence sur des branches de moyenne grosseur plutôt que sur les grosses : la cicatrisation se fait mieux (fig. 29). Les plaies seront nettes, parées à la serpe si on les a sciées et l'on se méfiera de l'éclatement du bois au moment de la chute de la branche. Recouvrir de mastic à greffer ou de coaltar. Cette opération se fait pendant l'hiver, mais jamais par la gelée.

A la suite de ces ablations, de jeunes pousses vigoureuses se développent ; elles servent à reformer une nouvelle tête qui produit au bout de cinq ans. Le cultivateur est juge de ce qu'il peut faire avec les vieux arbres qu'il possède. S'il estime qu'ils sont trop décrépits pour être rajeunis, il vaudra mieux qu'il les sacrifie de suite, sans attendre que le bois perde de sa valeur.

Inutile de dire qu'avec des arbres restaurés, il faut appliquer une bonne fumure pendant quelques années pour leur redonner de la vigueur et hâter leur nouvelle formation et leur production.

Couper des branches au Noyer puis l'abandonner ensuite sans en soigner les plaies est le plus grand mal que l'on puisse faire à cette essence, si sujette à la carie.

IV. — MALADIES ET INSECTES NUISIBLES AU NOYER

Le Noyer est, de tous les arbres fruitiers, l'un des moins attaqués par les insectes. Il doit, sans doute, cette faveur à l'odeur toute particulière et bien connue que ses feuilles dégagent.

Un seul parasite cause parfois de véritables dégâts dans les régions où cet arbre est cultivé en grand. C'est la chenille d'un petit papillon, une « pyrale », la même, d'ailleurs, qui s'attaque aux pommes, le carpocapse. Il rend les noix véreuses et les fait tomber avant maturité. Un seul moyen de lutte : ramasser les fruits tombés prématurément et les brûler. Ils sont, d'ailleurs, impropres à quoi que ce soit, même pour l'huile à laquelle ils communiquent un mauvais goût.

Ne laisser sur le terrain aucun tas de débris.

Mais, pour arriver à un résultat appréciable, tous les cultivateurs doivent agir de même chaque année. C'est une règle générale s'appliquant à tous les insectes nuisibles et maladies.

Les maladies cryptogamiques, sans être très nombreuses, sont plus dangereuses pour cette essence que pour les autres. Je ne les citerai pas toutes ; mais l'une d'elles, cause de véritables ravages dans les plantations, c'est ce qu'on appelle « le pourridié », provoqué par plusieurs cryptogames, dont l'un, de la même famille que le champignon de couche : l'agaric, couleur de miel.

Il s'attaque aux racines dont il pénètre les tissus et le Noyer finit par mourir. Ce qui rend ces champignons dangereux, c'est qu'ils passent d'un arbre à l'autre, avec facilité, et peuvent ainsi détruire toute une plantation en un laps de temps relativement court. Il est très difficile de lutter contre le pourridié. Ce qu'il faut surtout, c'est éviter les plaies aux racines et au collet de la tige lors des façons culturales.

Un pied atteint devra être arraché immédiatement et l'emplacement désinfecté au sulfure de carbone, à la dose de 150 grammes au moins par mètre carré. Ce n'est que plusieurs années après que l'on pourra replanter, lorsque l'on sera sûr que la tache ne s'étend plus. D'ailleurs l'on ne doit jamais mettre un jeune Noyer exactement à la place d'un autre que l'on vient d'arracher, car les débris de racines qui restent, quelque soin que l'on prenne de les enlever, peuvent communiquer des maladies. Il faudrait changer la terre, largement et profondément.

Il existe donc plusieurs champignons s'attaquant aux racines et leurs effets sont les mêmes sur cet arbre dont les extrémités se dessèchent et dont la production diminue d'année en année.

Si plusieurs Noyers, dans une plantation régulière, sont attaqués en même temps, il faut de suite limiter la tache par un fossé assez profond dont on rejette la terre à l'intérieur de la partie contaminée. Arracher ensuite, puis traiter au sulfure de carbone.

Fig. 30.

Polypore sur une branche. (Vu par-dessus.)

Polypores. — D'autres champignons, ceux-ci s'attaquant aux troncs et aux grosses branches, sont aussi très dangereux. Leur mycélium vit dans le bois et trahit sa présence à l'extérieur par des fructifications en forme de langues, que tout le monde connait sous le nom d'amadous (fig. 30). Ce sont les *polypores*. Les bois attaqués par eux sont impropres à la vente ; à la longue le cœur tombe en poussière, les tiges se creusent.

Carie. — Les dégâts des polypores sont assez semblables à ceux de la carie proprement dite ; ils ont ceci de commun que l'un et l'autre commencent par une plaie mal soignée.

Les polypores pénètrent dans le tronc par cette porte

tandis que pour la carie c'est la pluie qui s'infiltre et fait pourrir les tissus. L'arbre se creuse également.

C'est pourquoi dans le cours de cette étude du Noyer, je n'ai cessé de répéter que l'on devait faire le moins de coupes possibles, juste celles indispensables. Les plaies, si petites soient-elles, doivent être nettes, bien planes, bien lisses, surtout vers l'écorce, là où naît le bourrelet cicatriciel, et recouvertes de mastic à greffer ou tout au moins de coaltar.

Lorsque l'on s'aperçoit qu'une plaie déjà ancienne a tendance à se carier, il faut sans tarder nettoyer, gratter

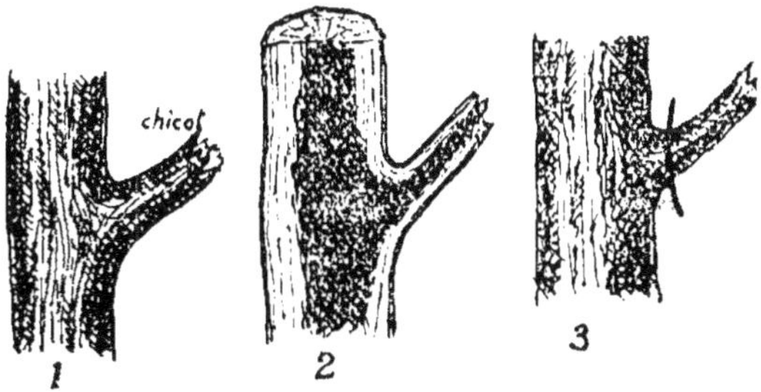

Fig. 31. — Le chicot laissé sur le tronc en 1, a mené la carie du même tronc en 2. Sectionner les branches et chicots comme en 3. La cicatrisation se fera bien si on recouvre la plaie de mastic à greffer.

jusqu'à la partie vivante, puis badigeonner, avec une solution de sulfate de fer à 30 % renforcée de 1 % d'acide sulfurique. Le creux sera ensuite rempli avec du ciment, au besoin un morceau de tôle protègera le tout contre les infiltrations d'eau (fig. 31).

Des arbres d'apparence saine à l'extérieur ont été trouvés creux à l'abatage. C'est dire que la plus petite plaie est suffisante pour la pénétration du polypore ou de la pluie.

V. — RÉCOLTE

Elle se fait lorsque le fruit est arrivé à maturité complète. A ce moment, le brou s'ouvre et laisse apparaître la coque, le fruit s'écale, quelques noix se détachent et tombent sur le sol. Il est à signaler que les fruits véreux ou malades sont les premiers tombés. Bien les vérifier en les ramassant pour ne pas les mélanger au reste.

Si le sol n'est pas cultivé, comme c'est le cas dans les friches, les ravins, etc., prendre la précaution de faucher l'herbe et les ronces, en un mot débroussailler pour faciliter le ramassage.

Il y a deux moyens d'opérer pour la récolte :

Soit que l'on fasse l'abatage des noix en une seule fois, avec une longue perche, soit que l'on attende la chute naturelle. Ce dernier procédé est plus long ; il faut chaque jour faire « la tournée des arbres » ; mais aussi l'on ne mutile pas les branches, l'on ne casse pas de brindilles, d'extrémités de rameaux, lesquelles portent les fleurs femelles.

Lors de l'abatage, il se trouve quelquefois une proportion plus ou moins forte de fruits auxquels le brou reste adhérent. On ne les mélangera pas aux autres. Il suffit de les laisser quelques jours en tas pour que l'enveloppe s'en détache facilement. Les noix sont ensuite étalées dans un endroit abrité, sec, aéré, soit sur des paillassons, des toiles, des claies, que l'on expose dehors par beau temps afin d'activer la dessication. Les laisser en couche mince. Sans cette précaution la moisissure se développe sur l'amande qui prend un mauvais goût et perd sa valeur commerciale. Une dessication, la plus complète possible, est une qualité pour ce fruit.

Quand les noix sont bien sèches, on les laisse sur un grenier en attendant la vente ou la fabrication de l'huile ;

mais la couche ne doit jamais dépasser 8 à 10 centimètres et il faut les remuer de temps en temps.

Rendement.

Il peut aller de un à trois hectolitres de noix par arbre en pleine production et en année d'abondance.

L'hectolitre de noix sèches pèse 35 à 40 kilogrammes.

100 kilogs de noix donnent 35 kilogs de cerneaux secs pour l'huile et 100 hilogs d'huile.

Ces dernières années la valeur des noix à dessert a été de 450 francs les 100 kilogs.

VI. — CULTURE FORESTIÈRE DU NOYER

Avant de clore cette étude sur l'un des arbres les plus précieux que nous possédions, je tiens à dire quelques mots sur sa culture au point de vue de la production du bois d'œuvre. J'estime qu'il y a quelque chose à faire de ce côté car il est de plus en plus rare et il atteint une valeur qui laisse loin derrière elle, celle de nos meilleurs bois, chêne et autres.

Il ne peut plus être question ici de Noyers greffés : tous les arbres proviendront de semis faits aussitôt la récolte ou la réception des noix. Il sera également prudent de stratifier. Comme la plantation sera faite en massifs, il faudra ménager un fort écartement en prévision du développement futur, pour éviter l'étiolement et même les maladies ; 15 mètres ne seront pas de trop et l'on adoptera le quinconce. Les noix stratifiées seront mises en place sur trous préparés et protégés comme nous l'avons déjà vu, ou bien on plantera des sujets très jeunes pour ne pas en diminuer la vigueur. Empêcher les broussailles de se développer.

Interdire le pacage des moutons ou autres animaux dans ces plantations, en les entournant avec de la ronce artificielle, car tout arbre dont l'extrémité de la jeune tige aurait été mutilée serait à remplacer; il ne donnerait par la suite qu'une souche inutilisable.

Tous les terrains peuvent être ainsi reboisés. Il y a le choix des espèces selon les sols et même l'altitude. La végétation ne sera pas pareille dans tous, mais il y aura quand même rendement appréciable.

A part le *Noyer commun* qui vient à peu près partout, on peut planter :

Le *Noyer noir d'Amérique* (juglans nigra) qui vient bien en terres fraiches, pousse vigoureusement, est exploitable à 60 ans. Il résiste à 30° de froid et est tout indiqué pour les endroits élevés et frais.

Le *Noyer cendré* (juglans cinerea) Son bois a une grande valeur en ébénisterie. Demande les mêmes sols que le précédent, mais une altitude moindre.

Les *Caryas* ou *Pacaniers*, genre voisin du Noyer, de la même famille, sont également originaires d'Amérique. On les emploie déjà en carrosserie sous le nom de Hickory. Ce sont de beaux arbres de 20 à 25 mètres de haut, poussant vigoureusement et dont le fruit est comestible.

Le *Carya olæviformis* et le *Carya alba* ou Noyer blanc, sont les plus cultivés.

On estime que toutes ces espèces, en sol convenable, s'accroissent en moyenne de 2 % en diamètre et par an. Il n'y a que les sols marécageux qui ne leur plaisent pas, ou ceux à sous-sol imperméable.

Le Noyer, en sols convenable, est capable de prendre un grand développement. Je n'en veux citer comme exemple que ceux au nombre de plus de vingt, formant une avenue à Grand-Failly (Meurthe-et-Moselle) et qui ont été coupés par les Allemands. Ces arbres mesuraient 1 m. 20 de diamètre à 1 mètre du sol.

CONCLUSION

Le Noyer est un arbre qui, par ses productions diverses, a une importance économique de premier ordre. L'on ne saurait trop le répéter et en encourager la culture, principalement dans les régions où il tend à disparaître. Au point de vue consommation familiale en huile et en fruits, il peut rendre de grands services, sans compter l'excédent pour la vente les années d'abondance.

Que de coins perdus, que de ravins d'accès difficile et où l'on ne trouve que broussailles, pourraient porter leurs Noyers !

Que de pâtis plus ou moins en friche, appartenant à des communes, où la place de cet arbre est toute indiquée !

Et les terrains qui, depuis la guerre, sont devenus inutilisables, sont restés impruductifs pour la culture, surtout dans la zone rouge ?

Tout ceci devrait être planté en Noyers qui viendront, eux, là où les autres fruitiers péricliteront.

Il y a dans ces différents cas, un revenu certain pour les communes comme pour les particuliers, à quelque point de vue qu'ils se placent : fruitier ou forestier.

Il faut planter des Noyers greffés pour récolter plus vite, être certain des variétés que l'on cultive, soit pour l'huile, soit pour le dessert.

Donner la préférence à des variétés tardives qui gèleront rarement.

Mais il faut aussi cultiver des arbres non greffés, provenant de semis, qui, en même temps que le fruit donneront, à longue échéance, puisqu'ils vivent plus vieux, des troncs de grande valeur.

Le Noyer a sa place marquée dans les forêts au même titre que n'importe quelle essence. Il n'est pas un bois qui, chez nous, n'ait sa valeur.

Planter des Noyers, c'est constituer un capital à intérêts composés, c'est augmenter, presque sans frais, la valeur de sa propriété ; c'est créer un revenu pour sa descendance.

C. Duriez,
Professeur d'Arboriculture de la région de l'Est, à Nancy.

La Noix de Grenoble

Sa culture. = Son commerce

Bien que le Noyer soit assez répandu et que plusieurs contrées du monde fournissent des noix appréciées, c'est en France que se trouve le crû de noix le plus réputé. Une noix domine les autres par ses qualités, c'est la Mayette du Dauphiné, connue dans le monde sous le nom de noix de Grenoble.

Cette variété Mayette présente au plus haut point les qualités recherchées par les consommateurs les plus difficiles. Ces consommateurs sont surtout les Américains et les Anglais, ce sont eux qui paient les noix de Grenoble aux prix élevés qui éliminent la plupart des acheteurs concurrents. Voyons donc quelle est cette noix de Grenoble, comment on la cultive, quels soins minutieux elle reçoit à la récolte.

*
* *

Une très petite région du Dauphiné récolte la noix de choix qui a droit, de par les habitudes séculaires du commerce des noix, à l'appellation « noix de Grenoble ». Cette désignation est très nettement réservée dans les importantes transactions entre marchands ou syndicats du Dauphiné et acheteurs américains ou anglais. Elle s'applique uniquement aux noix de la variété Mayette récoltées dans une petite partie du Dauphiné. Une autre variété est l'objet d'un commerce assez important aussi, c'est la variété Franquette, enfin la variété Parisienne est admise, quoique à la troisième place, parmi les noix de Grenoble. Mais les plus hauts prix sont réservés à la noix Mayette et dans les marchés passés pour la Mayette, on ne tolère qu'une très petite quantité des deux autres variétés. En fait, dans la pratique, la variété Mayette

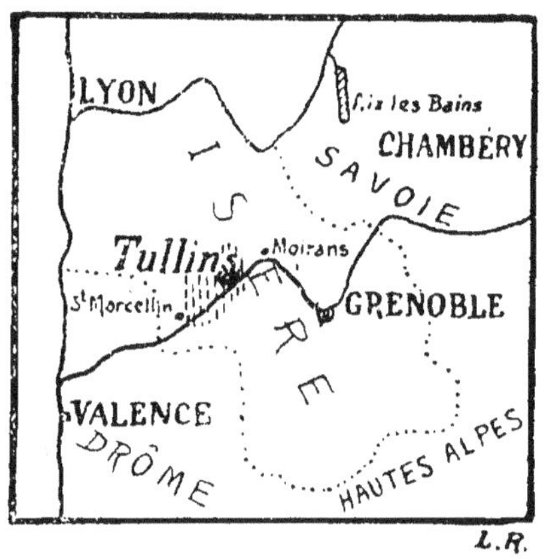

Fig. 1.

est surtout l'objet de plantations très importantes dans la région de Grenoble, et l'on greffe la variété Franquette dans quelques terrains spéciaux sablo-argileux, notamment sur les pentes des collines en molasse, où la variété Mayette réussit moins bien que sur les alluvions et les cailloutis des terrasses glaciaires.

Les deux cartes que nous reproduisons donnent un aperçu de la localisation des noix de Grenoble. Il est facile de voir qu'autour de Grenoble il n'y a pas de noix de Grenoble. La très petite zone productrice est à 20 ou 40 kilomètres de la ville, en aval dans la vallée de l'Isère, et dans cette zone la plaine formée par le fond de la vallée de l'Isère ne produit pas de noix. La forêt de Noyers, car les champs de Noyers, bien que soigneu-

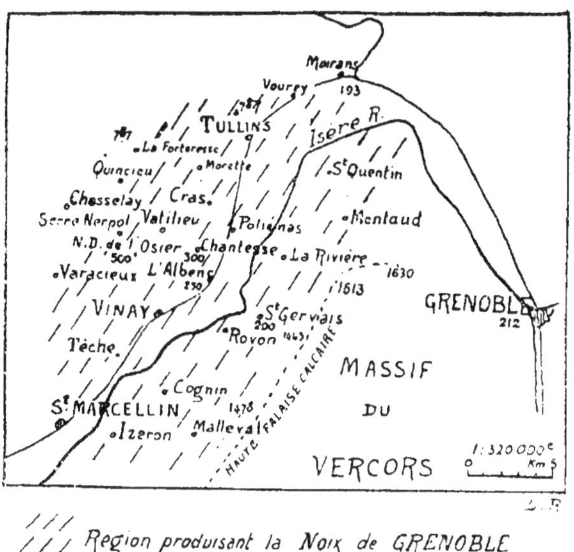

Fig. 2. (Cliché *Revue Scientifique*.)

sement plantés en lignes et labourés, ont tout à fait, vus de loin, l'aspect d'une forêt, la forêt de Noyers s'étend sur les pentes entre 225 et 500 mètres d'altitude. La partie la plus dense est la zone de 225 mètres à 400 mètres, on rencontre cependant des Noyers à 1.000 mètres, mais on peut dire qu'ils n'y sont plus dans leur habitat.

Création et entretien d'une Noyeraie dans l'Isère.

Dans le Dauphiné, les plantations de Noyers s'étendent de plus en plus, du moins dans la zone où cet arbre est capable de donner les fruits les plus appréciés. Nombreux sont les propriétaires qui remplacent des vignobles par des Noyeraies; on laboure même des prairies pour créer des champs de Noyers.

Sans insister sur les précautions ordinaires de toute plantation d'arbre, disons cependant que le Noyer exige un sol profondément ameubli pour sa plantation, que de plus, comme l'humidité trop grande dans le sous-sol lui est funeste, dans les cas où cette humidité serait à redouter (sous-sols compacts), on peut prendre la précaution de mettre des cailloux au fond du trou où il sera planté dans du très bon terreau, aussitôt fumé abondamment.

Le greffage se fait dans le Dauphiné presque toujours en fente, soit en pépinière, soit une ou plusieurs années après plantation. M. Bernard, le regretté professeur d'Agriculture de Saint-Marcellin, spécialisé dans l'étude du Noyer, conseillait de planter des arbres tout greffés, car dit-il, ces arbres en pépinière sont beaucoup mieux soignés, tandis que des greffes en plein champ risquent d'être mal conduites. La seule objection que l'on puisse faire à cette excellente ligne de conduite, c'est que souvent les jeunes arbres replantés dans les noyeraies périssent sous le coup de champignons parasites : dans cette éventualité, il est moins coûteux de remplacer un jeune sujet sauvage qu'un arbre greffé, et les petits propriétaires qui suivent de près leurs plantations peuvent en général donner aux greffes les soins nécessaires. — Il existe, d'ailleurs, dans l'Isère, d'excellents spécialistes de la greffe du Noyer, et de très nombreux jeunes greffeurs très capables, sont formés dans l'école de greffage instituée par M. Bernard, à Saint-Marcellin.

Dans une terre cultivée régulièrement on plante les Noyers en lignes distantes de 15 à 20 mètres. Dans certaines noyeraies, des lignes distantes de 30 mètres ont une très abondante production dûe à la meilleure aération et à une plus intense insolation des arbres. Sur les lignes, on place les arbres à 10 ou 15 mètres en général. Ceci donne par hectare 30 à 50 Noyers environ. Greffés à 7 ou 10 ans environ, les Noyers donnent quelques noix deux ans après, mais il faut compter 20 ans, même 25, avant une production sérieuse. Aussi s'empresse-t-on de cultiver diverses plantes sur la noyeraie en attendant le rendement en noix : les plantes sarelées, le blé, mais non l'avoine trop épuisante, ni la luzerne trop avide d'eau qui, par ce fait, amène assez vite la mort des Noyers.

On n'a pas encore pris l'habitue en Dauphiné de planter d'autres arbres d'attente entre les lignes de Noyers comme cela se fait en Californie, où l'on récolte des cerises, des pêches, des abricots pendant les vingt premières années.

Dans tous les cas, le sol labouré une ou deux fois par an, reçoit de fortes fumures.

Supposons la noyeraie déjà en pleine production, les arbres ont développé leur tête, les feuillages des lignes voisines se rapprochent, ils projettent sur le sol une ombre assez épaisse. Sous les arbres les cultures donnent de mauvais rendements, surtout celles comme la pomme de terre ou la betterave qui prolongent leur développement au-delà de juillet, et sont alors à l'ombre pendant une partie de leur vie. Aussi, on réduira de plus en plus la bande de terrain exploitée entre les rangées de Noyers. Cela n'empêchera pas de labourer et de fumer soigneusement sous les arbres, car le Noyer, pour donner d'abondantes récoltes, exige beaucoup d'engrais : outre la fumure au fumier de ferme, pendant le labour d'automne-hiver, on ajoutera des engrais phosphatés et potassiques, même du nitrate aux arbres chétifs. On ne peut fixer de doses d'engrais, il faut connaitre la richesse du sol. En Dauphiné, la terre est assez pauvre en acide phosphorique, on peut en ajouter des doses assez élevées dont on reconnait toujours les effets.

Ainsi, M. Bernard a fait faire chez certains propriétaires de l'Isère une amélioration foncière du sol des noyeraies en mettant des doses massives de phosphates naturels moulus. L'effet a été supérieur à toute attente et les noyeraies ainsi traitées ont donné un rendement énorme, durable. On peut donc très sérieusement conseiller ces amendements phosphatés pour les noyeraies.

***

Au cours de l'année, on entretient, autant que faire se peut, le sol de la noyeraie en état de propreté et bien ameubli. En fin septembre un dernier coup de herse pour niveler le sol, enlever les mauvaises herbes, et préparer une surface propre au ramassage rapide des noix. Suivant les années, elles tombent dès le 15 septembre ou seulement le 1er octobre. On procède au ramassage, puis au lavage et au triage.

Le lavage se fait rapidement, en remuant les noix dans un cuvier plein d'eau, on les sort de ce cuvier au moyen de paniers et on les met sur une table à claire-voie où elles égouttent et où on les trie à la main pour éliminer les noix véreuses, les noix trop petites, et celles qui ont la coque tachée de brun.

Le triage par grosseur au lieu d'être fait à la main peut être fait au moyen d'un crible cylindrique facile à

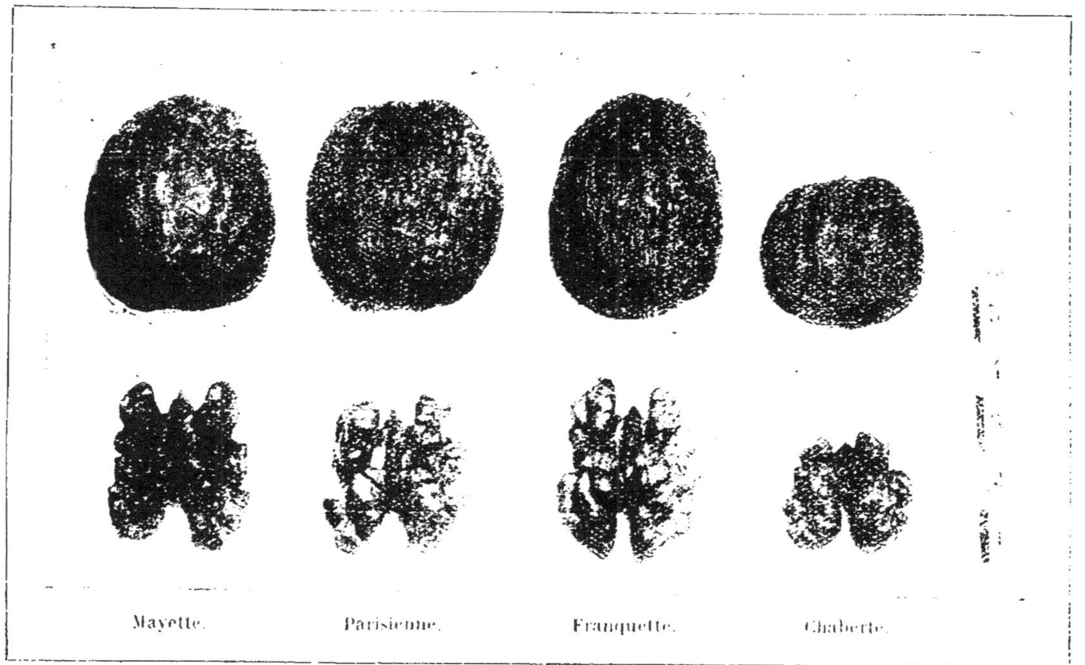

Fig. 3. -- Noix du Dauphiné.

construire dans toutes les fermes. J'ai réalisé très simplement un cribleur à noix en enroulant une tôle perforée à trous ronds de 28 m/m, dimension limite réglementaire (fig. 7). Cet appareil muni d'un cylindre de 80 centimètres seulement de longueur peut trier plus de 200 kilos de noix à l'heure. Sur le dessin, j'ai représenté le trieur que j'utilise. On remarquera l'utilisation d'un courant d'eau amené vers la sortie du cylindre qui permet d'obtenir des noix remarquablement propres. On peut construire aussi facilement un trieur donnant deux ou trois dimensions de noix, il suffit d'allonger l'appareil et de mettre bout à bout deux ou trois tôles perforées aux grosseurs choisies qui peuvent être 25 millimètres, 28 et 30 millimètres.

Dans le commerce d'exportation on n'accepte au cours ordinaire des noix de Grenoble que les noix restant sur le crible à trous ronds de 28 millimètres.

Après le triage, les noix encore humides, sont soumises au soufrage : c'est une fumigation d'acide sulfureux obtenu en brûlant du soufre en dessous de la claie de triage. On a soin pour rendre ce soufrage efficace de couvrir la claie de toiles ou de sacs qui descendent jusqu'à terre tout le tour de la table. La quantité de soufre à brûler est variable suivant l'état des noix, on ne peut fixer de nombre précis : moins de cent grammes par hectolitre.

Après soufrage, les noix ont pris une belle teinte jaune pâle et de plus l'acide sulfureux a détruit une grande partie de germes de moisissure. Elles supporteront ainsi beaucoup mieux un long entassement dans les bateaux.

Ces noix sont encore humides, on va les sécher par exposition à l'air en couches minces sur des planchers à claire-voie formés de liteaux espacés de 20 millimètres environ, liteaux de sapin ou de tilleul d'environ

27 millimètres sur 27. Pendant cette exposition sur les séchoirs, en couches de 6 à 12 centimètres autant que possible, on remuera les noix assez souvent pour éviter toute moisissure. Il faut environ trois semaines pour obtenir des noix assez sèches pour supporter sans dommage l'exportation en Amérique.

Lorsque les noix seront sèches, nous nous occuperons de les emballer et de les expédier. Pour le moment, jetons un coup d'œil sur les méthodes de séchage artificiel qui ont été essayées jusqu'à présent.

*
* *

Le séchage artificiel peut se concevoir de deux façons différentes. On peut sécher rapidement et complètement la noix dans des étuves puissantes, ou bien enlever à l'aide d'une étuve une partie de l'eau et laisser la noix achever sa dessication lentement à l'air libre.

Dans le premier procédé, on peut utiliser une touraille analogue aux tourailles à malt des brasseries ou bien une étuve tunnel à wagonnets, étuve parcourue par un courant d'air chaud, c'est l'appareil aéro-Fouché connu depuis longtemps des industriels qui dessèchent les fruits aqueux.

Dans la dessication des noix à l'étuve il faut éviter la surchauffe ainsi que la dessication.

La surchauffe donne un goût spécial à la noix, quant à la surdessication elle a pour résultat de donner au noyau un aspect gras, translucide, qui le déprécie énormément.

Dans tout séchage rapide il y a donc lieu de prendre beaucoup de précautions et en particulier, il faudrait faire des dosages d'humidité dans les noix entrant dans l'étuve afin de soumettre les divers lots séchés à une dessication juste nécessaire, sans excès.

Peut-être obtiendra-t-on de très bons résultats des petites installations de séchage partiel à l'étuve avec achèvement à l'air, qu'un certain nombre de propriétaires et de négociants du Dauphiné ont installés.

Ces méthodes de séchage artificiel des noix essayées en Dauphiné méritaient d'être signalées.

En certaines années humides, les brouillards retardent le séchage sur les séchoirs ordinaires et ils produisent même de graves dégâts en développant des moisissures qui déprécient beaucoup les noix. Il est donc nécessaire de pouvoir régler le séchage artificiellement, sans perdre de vue que la méthode naturelle présente des avantages énormes au point de vue de la qualité, en année suffisamment sèche.

Enfin, il est nécessaire de signaler que pour l'exportation, on tient à avoir des noix prêtes à supporter la traversée de l'Atlantique, aussitôt que possible après la récolte. Les noix primeurs qui arrivent à New-York avant le *Thanks giving day*, dernier jeudi de novembre, se vendent à un prix élevé et les achats faits par les américains sont souvent libellés pour livraison tel vapeur, avec clause de résiliation ou de sérieuse réfaction de prix lorsque la marchandise n'a pas pu être embarquée à temps.

***

La vente est faite soit à des marchands en relations avec les importateurs des Etats-Unis ou d'Angleterre, soit par des syndicats.

Les noix sont mises en sacs contenant 60 kilogs et portant des inscriptions en gros caractères : Noix de Grenoble, Mayette, et l'indication du syndicat ou du marchand, avec leur marque déposée. Les marques déposées sont connues des acheteurs américains et les noix de chacune sont côtées suivant un ordre de préfé-

Fig. 4. — Une noyeraie.
(Cliché *Revue Scientifique*.)

Fig. 5. — Un séchoir à noix.

rence. Ainsi, il existe les marques constituées par une corbeille de fruits, du syndicat des producteurs de l'Albenc; par une tour, du syndicat des producteurs de Saint-Quentin-sur-Isère où existe une tour ancienne : par un dauphin, du syndicat des producteurs de Tullins, etc.

Enfin, on peut signaler une forme de vente originale parfaitement adéquate à la vente de la noix, c'est la vente en petits filets remplis et plombés sur place par l'expéditeur. Cette vente en petits filets contenant peu de noix : 500 gr. ou 1 kilog environ, a été déposée par un producteur commerçant de l'Isère, M. Bourdis; elle a un succés croissant, elle donne à l'acheteur au détail toutes les garanties de qualité et d'authenticité de la noix achetée.

Outre la vente des grosses noix en coques, le Dauphiné se livre au commerce très important des cerneaux. Le cerneau de Mayette est, cela va de soi, le plus estimé et le plus cher. C'est celui qui se conserve le plus longtemps sans rancir.

Pour la préparation des cerneaux, on utilise généralement les petites noix, ou bien celles qui ne sont pas de la variété Mayette; le cerneau de Chaberte en particulier est produit en assez grande quantité dans l'Isère. On utilise en général pour faire des cerneaux toutes les noix éliminées au triage. Ces noix sont brisées d'un coup de maillet et les coques séparées par un mondage à la main. Ces opérations sont longues, elles durent une bonne partie de l'hiver dans les fermes du Dauphiné. Il existe une machine pour le cassage des noix. Construite par M. Farge, de Vinay (Isère), elle brise par une pression ménagée les noix classées rigoureusement par grosseur, grâce à un dispositif très ingénieux.

Les noix brisées, mondées à la main, donnent plusieurs catégories de produits : les moitiés de noyaux en

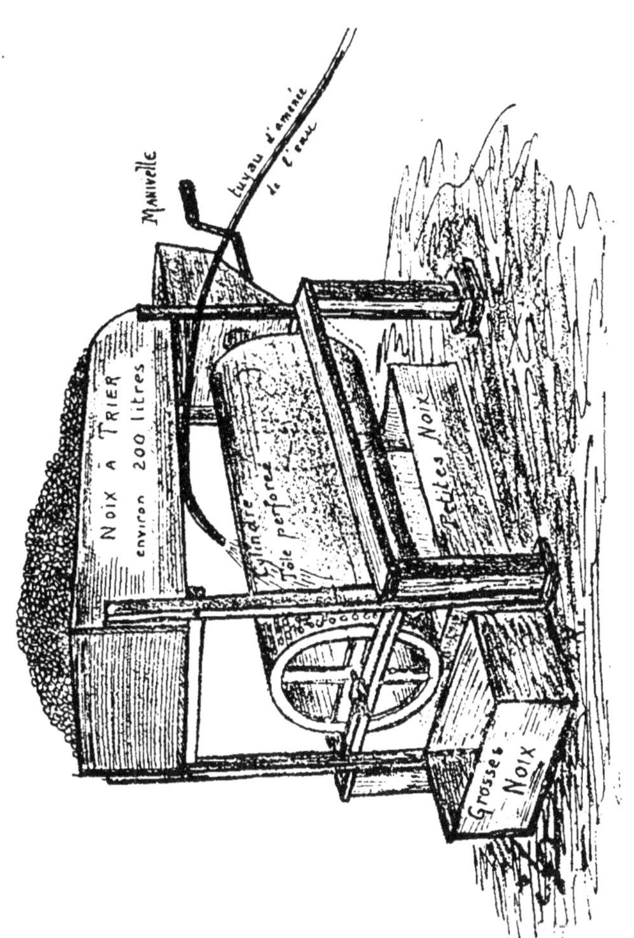

Fig. 6. — Trieur à noix.

bon état de teinte pâle qui sont les *cerneaux*, les débris de cerneaux qui sont les *invalides*, les moitiés teintées, plus ou moins brunes, qui sont les *arlequins*, enfin les autres débris qui sont les noyaux pour huilerie.

Le commerce de tous ces produits est important. Une exportation considérable, de plus en plus importante, des cerneaux en Amérique est un fait à signaler. D'une part, les Américains achètent de plus en plus un fruit dont on peut mieux apprécier la qualité en cet état que dans la coque; d'autre part, les frais de transport sont moins onéreux : gain de plus de 65 % sur le poids, gain énorme sur l'encombrement. Quant au travail de cassage et de mondage en Amérique, avec les prix payés aux ouvriers, il n'y faut pas songer.

Les fraudes dans le commerce des Noix

Les fraudes sont de deux sortes : sur l'origine, sur la qualité et le poids.

En ce qui concerne l'origine, des vendeurs malhonnêtes font venir d'autres régions de France ou de l'étranger des noix qu'ils réexpédient des gares du département de l'Isère sous le nom de noix de Grenoble. La surveillance du service de la Répression des fraudes amènera, il faut l'espérer, à prononcer contre les marchands qui pratiquent cette fraude des condamnations exemplaires. Une autre pratique frauduleuse a pris un développement considérable et elle est *une des principales causes* de la mévente des noix aux consommateurs français, c'est le trempage.

Des noix sont immergées quelque temps (quelques jours, une semaine) puis livrées à la consommation ainsi gorgées d'eau. En peu de jours, elles sont détériorées par des moisissures, et si le détaillant réalise d'assez gros bénéfices sur le prix du kilogramme vendu, il constate que cette vente est très restreinte.

D'après les observations que j'ai pris soin de faire en diverses villes de France, et dans des restaurants de la région de Paris, j'ai la preuve que cette fraude est devenue un véritable fléau qui jette le discrédit sur un fruit français très apprécié même en France lorsque le consommateur peut l'obtenir de qualité saine. Enfin, cette fraude sur le poids de la marchandise se double d'un autre délit, celui de vendre des noix plus ou moins rances des années écoulées comme noix fraîches.

Pour toutes ces raisons, le trempage des noix doit être rigoureusement poursuivi.

CLAIE pour TRIER et SOUFRER les NOIX

Fig. 7.

Les fraudes sur l'origine et sur l'année se pratiquent aussi sur les cerneaux. Quant à l'huile elle est, paraît-il, l'objet de fraudes diverses qui n'ont qu'une répercussion limitée sur la vente des produits du Noyer car le marché de l'huile de noix est surtout local.

Tels sont les principaux renseignements dignes de retenir l'attention lorsqu'on étudie la noix de Grenoble.

Huilerie de noix.

Dans certaines régions, la plus grande parties de noix récoltées est utilisée à la fabrication de l'huile. Voici en quelques mots le mode de fabrication utilisé dans le Dauphiné.

Les noyaux de noix sont broyés par une meule roulant sur une aire circulaire. La meule et l'aire sont formés de pierres calcaires très dures, sortes de marbres blancs. Lorsque le broyage en pâte est suffisamment avancé on chauffe cette pâte sur une poêle à agitateur mécanique. La poêle est placée sur un foyer au bois. Le chauffage conduit avec habileté cependant ne peut guère être réglé et souvent la noix attache légèrement sur le fond de la poêle. La température de chauffe atteint souvent 80° comme je l'ai mesurée, et certainement des parties sont surchauffées bien au delà. Danstous les cas, on évite autant que possible les surchauffes trop prononcées qui donneraient à l'huile une saveur forte assez désagréable.

On peut faire de l'huile à froid, mais en pratique on n'en fait pas. Cette huile à froid que j'ai préparée pour expériences est beaucoup plus douce. Cependant d'après ce que nous savons des diastases oxydantes contenues dans les fruits, il y a intérêt pour la bonne conservation de l'huile à la chauffer un instant à une température où ces diastases sont détruites : ont doit ainsi éviter un rancissement trop rapide. La pâte de noix chauffée est placée dans une presse à vis ordinaire, actionnée en général par un moteur hydraulique. Les tourteaux obtenus d'une première pression sont soumis à un rebroyage, à un réchauffage puis pressés à nouveau.

Le tourteau obtenu est le plus souvent broyé à nouveau pour faciliter sa distribution aux animaux.

C'est, en effet, un aliment très précieux pour le bétail, sans toutefois être aussi inoffensif que celui d'arachide. Il y a lieu de ne le donner que d'une façon modérée, aux vaches laitières notamment. La comparaison que j'ai faite de ces deux tourteaux dans l'alimentation des vaches laitières n'a pas été à l'avantage du tourteau de noix. D'autres essais pourraient être faits pour fixer d'une façon assez précise la valeur comparée de ces tourteaux.

Voici à titre documentaire la composition du tourteau de noix d'après M. Fallot, avec en regard celle de l'amande interne et celle de la coque de la noix :

		cerneau	coque	tourteau
Eau	0 0	4.58	11.64	11.40
Matières azotées	»	14.38	2.24	37.77
Matière grasse	»	55.47	0.72	13.68
Extractifs non azotés	»	14.89	31.50	27.75
Cellulose brute ou ligneux.	»	7.58	53.82	4.56
Matières minérales	»	1.79	1.15	4.77
Acide phosphorique	»	0.65	0.10	1.71
Potasse	»	0.63	0.16	1.39

Les principales propriétés de l'huile de noix découlent des caractéristiques suivantes déterminées par M. Fallot :

Densité à 65° C	0.926
Action des vapeurs nitreuses	pas de solidification
Congélation	30
Acides gras	fluides à la température ordinaire.
Echauffement sulfurique	+ 106°
Indice d'iode	165
Indice de brome	0.737
Oléorefractomètre	+ 35

L'indice d'iode élevé classe nettement l'huile de noix parmi les huiles siccatives. Aussi convient-elle pour la fabrication de vernis et pour la peinture, on sait qu'elle est employée pour la peinture artistique. Elle est moins siccative et beaucoup plus coûteuse que l'huile de lin, aussi est-elle peu employée pour les peintures industrielles.

En été, l'huile de noix rancit facilement. En pratique, il faut la consommer dans l'année.

Cette huile est surtout consommée sur place, elle donne lieu à peu de transactions. Sa valeur en 1924-1925, peut-être estimée à 10 francs le kilo dans la région de Grenoble ou elle est presque toute consommée par chacun des producteurs.

A titre documentaire, voici la production de quelques départements en 1913, d'après la statistique tout récemment mise au jour par le Ministère de l'Agriculture. J'ai réduit la statistique aux départements qui fournissent plus de 5.000 quintaux de noix.

Production des noix en France en 1923.

(Départements produisant plus de 5.000 quintaux.)

	Quintaux	Prix du quintal	Valeur totale francs
	—	—	—
Dordogne	142.390	180	25.630.000
Charente	40.170	190	7.632.000
Corrèze	35.000	250	8.750.000
Lot	32.190	180	5.794.000
Haut-Rhin	18.290	142	2.597.180
Isère	16.050	400	6.420.000
Bas-Rhin	15.810	126	1.992.000
Drôme	14.130	325	4.592.250
Cher	13.600	135	1.836.000
Puy-de-Dôme	11.650	220	2.563.000
Vienne	10.020	180	1.803.600
Aveyron	9.600	95	912.000
Deux-Sèvres	8.620	160	1.379.200
Allier	7.520	200	1.504.000
Indre-et-Loire	5.720	210	1.201.200
Maine-et-Loire	5.700	260	1.482.000
Charente-Inférieure	5.530	175	967.750
Production totale de la France	454.900	197	89.778.740

Par ce tableau, on voit que la production des noix en France atteint un tonnage très important et une valeur de plus en plus intéressante qui incite beaucoup d'arboriculteurs et d'agriculteurs à porter leur attention sur le Noyer. Il semble d'ailleurs depuis déjà bien des années que les plantations de ce précieux arbre se multiplient un peu partout. Cela me faisait écrire récemment que l'on doit s'attendre, si l'on continue ainsi, à une surproduction de noix.

LAURENT RIGOTARD,
Ingénieur agronome.

Préparation et séchage mécanique des Noix

Dans son étude sur la noix de Grenoble, M. Rigotard a parlé de l'emploi du séchage artificiel des noix particulièrement destinées à l'exportation.

Je crois intéressant de donner quelques précisions sur ce point, ainsi que sur la nécessité d'une préparation méthodique des produits avant leur expédition, problème que j'ai été amené à étudier et dont j'ai suivi la réalisation dans l'Isère.

M. Rigotard a exposé comment, dès la récolte, les noix doivent être lavées, débarrassées des fruits véreux, soufrées et sommairement triées quand à la grosseur.

Il faut ensuite les sécher, mais cette dessication effectuée à l'air libre dépend essentiellement de l'état hygrométrique de l'air et ne dure pas moins de 30 jours malgré les pelletages fréquents des fruits.

Or, sur 562.000 quintaux de noix produits en 1924, la France en a exporté tant en coque qu'en cerneaux 261.000 quintaux.

Les Etats-Unis, à eux seuls, entrent pour 105.000 quintaux, dans ce dernier chiffre et tous les producteurs et expéditeurs savent l'intérêt qui réside à faire arriver les envois destinés à ce pays avant la fête du Thanksgiving Day (dernier jeudi de novembre).

De plus, les pays concurrents comme la Californie, l'Italie, l'Espagne, ayant des productions plus précoces que la nôtre et un climat permettant un séchage plus rapide, jouissent d'une situation privilégiée.

Il est donc de toute nécessité de regagner sur la durée du séchage, le retard dû à la végétation.

Mais s'il faut faire vite, il faut surtout faire bien, la clientèle américaine étant sollicitée en particulier par les produits de Californie méticuleusement triés et vendus par l'Association puissante des planteurs de ce pays avec une garantie de 90 0/0 de fruits sains, pourcentage qui pratiquement atteint 95 à 98 0/0.

C'est pour ces raisons que dès 1920, la Compagnie des Chemins de fer P.-L.-M. organisait à Grenoble le Congrès de la Noix et du Cerneau dont les buts principaux étaient :

1° D'étudier les moyens d'étendre les avantages du noyer greffé ;

2° De faire ressortir l'avenir commercial de nos exportations de noix et les conditions auxquelles nos exportateurs doivent se plier, pour soutenir sur les marchés étrangers la concurrence des autres pays qui cherchent à nous supplanter ;

3° De faire créer par notre industrie française l'outillage nécessaire pour un meilleur travail de la noix et du cerneau.

Parmi les communications qui furent faites à ce Congrès, il faut citer d'abord celle de M. Jean Perrier, Attaché Commercial à l'Ambassade de France à Londres, attirant l'attention sur l'importance d'une bonne présentation, plus celle de M. Causse, ancien Président de la « Dried Fruit Association » à New-York, sur la situation de la noix française sur le marché américain montrant les dangers de la présence, dans une forte proportion, de fruits creux, véreux ou de couleur terne, aggravant les difficultés de vente dues aux arrivages tardifs sur les marchés des États-Unis.

Il fut aisé de reconnaître qu'en France, l'outillage propre à remédier pratiquement aux défauts signalés plus haut n'existait pas.

Si le calibrage ne présentait pas de difficulté de réalisation (il n'en était pas moins laissé de côté), le blanchiment demandait une étude sérieuse, et l'élimination automatique et rigoureuse des noix creuses était une opération de précision.

Le problème le plus délicat était celui du séchage rapide, sans altération du goût, ainsi que l'obtention d'un fruit *propre et d'une couleur ambrée uniforme*. Les industriels présents se mirent aussitôt à étudier ces différentes questions et dès 1921, la Maison F. Navarre et fils, à Paris, signalait qu'elle était en mesure de les réaliser.

Il fallut néanmoins attendre à 1923 pour que le Syndicat des Producteurs de Tullins (Isère), qui avait compris un des premiers l'importance de ce problème, se décida à faire édifier une usine susceptible de donner des produits ne craignant aucune concurrence étrangère.

Comme toute innovation, cette installation montée en moins de trois mois demanda une mise au point de détails et elle fonctionne parfaitement à l'heure actuelle.

Sans vouloir s'immiscer dans les affaires intérieures du Syndicat de Tullins, il faut regretter qu'il n'ait pu persister dans son effort méritoire et qu'au moment de retirer tout le bénéfice de son heureuse initiative, il ait été amené à céder l'usine à une Maison américaine d'importation la « Bennett Day Importing C° ».

Pour regrettable que soit ce fait au point de vue national, il n'en est pas moins la confirmation de la valeur réelle de l'installation en cause.

Telle qu'elle fut construite, cette première et encore unique usine est susceptible de traiter 20.000 kilogrammes de noix fraîchement récoltées par 24 heures, son débit augmentant naturellement dès qu'on lui soumet des noix déjà ressuyées.

C'est ainsi que l'an passé 15.000 sacs de 50 kilogrammes furent expédiés après traitement (séchage, blanchiment, calibrage, élimination des fruits creux ou véreux, ensachage automatique).

La Maison Navarre qui réalisa le matériel employé et cherche à lui apporter le même perfectionnement que l'on rencontre dans les multiples appareils bien connus qu'elle fournit aux industries spéciales les plus diverses, a bien voulu nous communiquer le schéma d'une installation perfectionnée de préparation mécanique pouvant sortir après traitement 300 sacs de 50 kilogrammes par 24 heures. Nous prions cette Maison d'agréer ici nos remerciements.

On voit que dans cette étude on a cherché à réduire le plus possible l'encombrement, la force et la main-d'œuvre.

Dès réception, les noix sont calibrées, ce qui permet de rendre immédiatement les petits fruits au récoltant ou de les rassembler pour tel usage (cerneaux, huilerie) qui ne nécessite pas les mêmes traitements que les noix en coque.

Une chambre est prévue à l'étage supérieur, pour contenir la valeur de 1 ou 2 journées de travail assurant ainsi un volant de marche à l'usine.

De là, les noix passent sur un tapis roulant devant des ouvrières chargées d'éliminer les fruits mal formés, noircis et même véreux.

Ensuite, par gravité, elles sont chargées sur des claies portées par les wagonnets qui traversent le tunnel de séchage.

Une fois sèches, elles passent au blanchiment, c'est-à-dire qu'elles sont nettoyées rigoureusement et amenées à une couleur ambrée uniforme. Un léger séchage enlève l'humidité superficielle prise par la coquille au cours de cette dernière opération.

Enfin, les noix passent dans un appareil qui, par ventilation, sépare les fruits creux ou véreux, élevant ainsi au maximum (95 0/0 garanti) le pourcentage de fruits sains.

Prêtes à être expédiées, les noix sont ensachées et pesées automatiquement.

La préparation mécanique et le séchage artificiel des noix sont donc choses facilement réalisables aujourd'hui.

Si ces opérations sont nécessaires au premier chef pour l'exportation en Amérique, elles ne sont pas moins utiles pour la vente sur les autres marchés et sont particulièrement précieuses les années pluvieuses en permettant d'emmagasiner dès la récolte une marchandise de 1er choix livrable, dès réception de la commande.

De plus, et le projet ci-joint le prévoit, on peut annexer à cet usinage celui de la préparation des cerneaux de même qu'il est possible d'envisager l'adjonction d'appareils d'extraction de l'huile des déchets et des trop petits fruits.

J'irai même plus loin, car en France, les conditions sont presque partout réalisées, et je prétends qu'une telle installation pourrait facilement le reste de l'année utiliser son personnel et une partie de son matériel à l'industrie des conserves de fruits ou de légumes.

Mais l'étude de cette suggestion sortirait du cadre de cet exposé et je me bornerai à souhaiter, pour le bon renom des produits français et leur écoulement rémunérateur, qu'il soit fait appel sur une vaste échelle aux procédés mécaniques modernes qui permettent non seulement d'économiser la main-d'œuvre, mais surtout de ne présenter que des produits irréprochables dont la consommation se développe alors naturellement.

H. Paris,
Ingénieur agronome,
Inspecteur au Service agricole
de la Cie des Chemins de fer P.-L.-M.

www.ingramcontent.com/pod-product-compliance
Lightning Source LLC
LaVergne TN
LVHW020035170826
845678LV00001B/267

* 9 7 8 2 3 2 9 6 9 5 8 1 5 *